Jahres-Bericht

des

Chemischen Untersuchungsamtes der Stadt Breslau

für die Zeit

vom 1. April 1898 bis 31. März 1899.

Im Auftrage des Curatoriums

erstattet von

Dr. Bernhard Fischer,

Director des Chemischen Untersuchungsamtes der Stadt Breslau

unter Mitwirkung von

Dr. W. Schimpff, II. Assistent.

Springer-Verlag Berlin Heidelberg GmbH 1900

ISBN 978-3-662-32045-7   ISBN 978-3-662-32872-9 (eBook)
DOI 10.1007/978-3-662-32872-9

Inhalts-Uebersicht.

[Sonderabdruck aus Band XX, Heft 1 der „Breslauer Statistik".]

I. Verwaltung im Allgemeinen.

In der Organisation des Amtes hat seit Erstattung des letzten Jahresberichtes eine Aenderung nicht stattgefunden.

Das Curatorium bestand aus den Herren: Stadtrath Muehl als Vorsitzendem, Apotheker W. Bluhm, Professor Dr. Buchwald und Direktor Seidel als Mitgliedern. An Stelle des im verflossenen Verwaltungsjahre verstorbenen Curators Grempler wurde Herr A. Moeser, Inhaber der Grossdrogenhandlung von Bernhard Josef. Grund, als Mitglied des Curatoriums von der Stadtverordneten-Versammlung gewählt.

Die Leitung des Amtes führte der Direktor desselben, Dr. Bernhard Fischer, als erster Assistent fungirte Dr. A. Sartori. Die Stelle des zweiten Assistenten hatte der Chemiker Weigel, diejenige des dritten Assistenten Dr. Weigt inne. Als besoldeter Hilfsarbeiter war vom 30. März bis 30. September 1898 Dr. Grüger thätig. Als freiwillige wissenschaftliche Hilfsarbeiter traten am 1. September 1898 Dr. Grünhagen, am 1. October 1898 der Chemiker Dr. Schimpff ein.

Am 1. October 1898 trat der dritte Assistent Dr. Weigt aus, um in eine staatliche Stelle überzugehen. An seine Stelle trat der Chemiker Dr. Lauterwald. Am 1. Januar 1899 gab der Chemiker Weigel seine Stelle auf, diese wurde dem bisherigen freiwilligen Hilfsarbeiter Dr. Schimpff übertragen.

Somit war der Personalbestand des Amtes zu Ende März 1899 folgender:

Direktor: Dr. Fischer, I. Assistent: Dr. Sartori, II. Assistent: Dr. Schimpff, III. Assistent: Dr. Lauterwald, wissenschaftlicher Hilfsarbeiter: Dr. Grünhagen.

Die Bureau-Arbeiten wurden durch den Kanzlisten Perle erledigt. Die Funktionen des Amtsdieners versah auch im Berichtsjahre der Amtsdiener Kleiner, welchem ein jüngerer Hilfsdiener zur Unterstützung beigegeben war.

An ordentlichen Mitteln standen dem Amte zur Bestreitung der sächlichen Ausgaben im Berichtsjahre 8 410 ℳ zur Verfügung. Die Ist-Ausgabe beträgt 8 227 ℳ 15 ₰.

Durch Haushalten mit den verfügbaren Mitteln ist es auch in diesem Berichtsjahre möglich gewesen, einige recht werthvolle Neuanschaffungen von Apparaten und Geräthen zu machen. So wurden im Platinbestande mehrere defecte Nummern ergänzt und einige werthvolle Nummern neu angeschafft. Ferner wurden Vorbereitungen zur Ausgestaltung des zweiten Stockwerkes unseres Dienstgebäudes dadurch getroffen, dass dieses Stockwerk zunächst in einen bewohnbaren Zustand versetzt wurde.

Von den im Vorstehenden aufgeführten freiwilligen Hilfsarbeitern war nur einer, Dr. Schimpff, in das Amt eingetreten mit der ausgesprochenen Absicht, hier seine Vorbereitungszeit zum Nahrungsmittelchemiker-Examen zu absolviren; der andere, Dr. Grünhagen, war zu seiner analytischen Ausbildung thätig, ohne die Absicht, später das Nahrungsmittelchemiker-Examen abzulegen.

Es ist dies ein weiterer Beweis dafür, dass der Enthusiasmus für das Nahrungsmittelchemiker-Examen, der in den ersten Jahren zweifellos einmal vorhanden war, inzwischen ganz ausserordentlich abgenommen hat. Dies ist übrigens auch keineswegs verwunderlich. Die chemische Industrie, auf welche die Mehrzahl der Chemiker bis auf absehbare Zeit immer angewiesen bleiben wird, ist über dieses Examen zur Tagesordnung übergegangen und bevorzugt keinesfalls diejenigen, welche diesen Prüfungsausweis besitzen. Es ist vielmehr die Möglichkeit vorhanden, dass seitens der chemischen Fabriken Chemiker, welche nicht im Besitze des Diploms als Nahrungsmittelchemiker sind, solchen vorgezogen werden, welche dieses Examen abgelegt haben.

Dieser Fall wird dann eintreten, wenn der betreffende Chemiker für seine Promotionsarbeit ein ausserhalb des Gebietes der Chemie liegendes Thema gewählt hat. Die Folge hiervon wird die sein, dass er auf dem Gebiete der organischen Chemie derjenigen Schulung entbehren wird, welche sich nur durch mehrjährige praktische Beschäftigung mit einer Aufgabe aus dem organischen Theile der Chemie — also mit einem organischen Dissertations-Thema — erlangen lässt. Es wird daher nicht auffallen können, wenn die organisch-chemischen Betriebe durchweg und die unorganischen Betriebe zum grossen Theile sich gegenüber Bewerbern mit dem angedeuteten Bildungsgange ablehnend verhalten. In diesem Momente liegt für die Ausbildung des deutschen Chemikers eine Gefahr, anf welche aufmerksam zu machen wir uns verpflichtet halten.

Auch sonst bietet sich den examinirten Nahrungsmittel-Chemikern nicht die wünschenswerthe Aussicht zu einem guten und raschen Vorwärtskommen, da es der leitenden Stellen an Nahrungsmittelämtern wenigstens zur Zeit noch in Preussen recht wenige giebt.

Freilich wachen die Aufsichtsbehörden darüber, dass wenigstens die Assistentenstellen an den Untersuchungsämtern, soweit diese der staatlichen Aufsicht unterstehen, lediglich durch geprüfte Nahrungsmittel-Chemiker besetzt werden sollen. Indessen muss darauf aufmerksam gemacht werden, dass dies von Seiten der jüngeren Fachgenossen nicht als ein unter allen Umständen erstrebenswerthes Ziel aufgefasst wird, und dass die Vorsteher der Untersuchungsämter beim besten Willen nicht in der Lage sind, dieser Anforderung jederzeit zu genügen. Dies trifft namentlich für die Besetzung der jüngeren Stellen zu, also bei uns für die Besetzung der III. Assistentenstelle.

Wir verfolgen den Grundsatz, dass die Stellen des I. und II. Assistenten so eingerichtet sein sollen, dass es für die Inhaber erstrebenswerth sein muss, diese Stellen längere Zeit zu behalten. Auf diese Weise kommen dem Amte die Erfahrungen der Inhaber während einer längeren Zeitperiode zu Gute, auch wird der Geschäftsgang ein gleichmässigerer, als es bei einem öfteren Wechsel in diesen Stellen möglich wäre.

Dies hat natürlich zur Folge, dass für die Besetzung der I. und II. Assistentenstelle lediglich solche Chemiker in Frage kommen können, welche schon eine gewisse Erfahrung besitzen, also verhältnissmässig ältere Fachgenossen. Als nächste Folge hiervon ergiebt sich wiederum, dass diese Stellen von den jedesmaligen Inhabern solange besetzt bleiben, bis es diesen gelingt, in eine andere Stellung überzugehen, welche ihnen für ihr weiteres Fortkommen noch mehr Aussicht bietet, z. B. in eine leitende Stellung aufzurücken. In der That befindet sich an unserem Amte die Stelle des I. Assistenten seit mehr als 10 Jahren in festen Händen, und in der Stelle des II. Assistenten ist ein Wechsel im Allgemeinen nur dann eingetreten, wenn die Inhaber dieser Stelle als I. Assistenten an andere Untersuchungsämter, zum Theil auch in leitende Stellen berufen wurden.

Wesentlich anders liegen die Verhältnisse für die Stellen des III. und IV. Assistenten. Für die Besetzung dieser Stellen können der ganzen Sachlage nach nur jüngere Collegen in Betracht kommen. Diese verfolgen nicht unter allen Umständen das Ziel, sich dauernd der Nahrungsmittelchemie zu widmen; sie betrachten diese Stellen vielmehr vorwiegend als Durchgangsstellen, in welchen sie Erfahrungen sammeln und aus welchen sie in andere, aussichtsreichere Anstellungen, z. B. solche in der Technik übergehen können. Da solche technische Stellen auch nicht allzuhäufig sich bieten, so ergiebt sich daraus, dass diese jüngeren Collegen meist die vorher vereinbarten Kündigungsfristen nicht einhalten, sondern ihre Stellen mit sehr kurzen Fristen aufzugeben pflegen.

Will die Leitung des Amtes dem Fortkommen dieser Collegen nicht hindernd in den Weg treten, so ist sie gezwungen, die Entlassung zu befürworten, gleichzeitig aber gezwungen, für schleunigsten Ersatz zu sorgen. Das ist nicht immer ganz leicht, und bei den günstigen Verhältnissen, in denen sich zur Zeit die chemische Technik noch befindet, ist die Zahl Derjenigen, welche die mühevolle Thätigkeit und die bescheidene Stellung eines analytischen Chemikers zu übernehmen bereit sind, nicht allzu gross. Als Bewerber für die Stellen des III. und IV. Assistenten melden sich vorzugsweise Ausländer (Oesterreicher), nur wenig Reichsdeutsche, und unter diesen ist kaum jemals ein Bewerber, welcher das Nahrungsmittelchemiker-Examen bereits absolvirt hat. Unter diesen Umständen bleibt der Leitung des Amtes nichts Anderes übrig, als unter den vorhandenen Bewerbern den nach ihrer Meinung geeignetsten auszuwählen, ohne allzugrossen Werth auf den Ausweis als Nahrungsmittelchemiker legen zu können.

Eine Aenderung dieser Verhältnisse ist für die nächste Zeit nicht zu erwarten.

II. Thätigkeit des Amtes.

Es wurden in dem abgelaufenen Geschäftsjahre, umfassend die Zeit vom 1. April 1898 bis zum 31. März 1899 insgesammt 2 323 Untersuchungen ausgeführt (gegen 2 392 im Vorjahre). Dieselben vertheilen sich wie folgt:

1897/98

A.	Im Auftrage des Königl. Polizei-Präsidiums . . .	1279	(1300)
B.	= = der Gerichte und anderer Behörden .	153	(181)
C.	= = des hiesigen Magistrats.	730	(770)
D.	= = von Privaten.	161	(141)

Das erledigte Arbeitspensum setzt sich wie folgt zusammen:

A. Die Untersuchungen, welche im Auftrage des Königlichen Polizei-Präsidiums ausgeführt wurden, betrafen folgende Gegenstände:

(Die in Parenthese beigefügten Zahlen bezeichnen die untersuchten Fälle, welche beanstandet worden sind.)

I. Nahrungsmittel.

Aepfelspalten . .	1 Mal	Käse	34 Mal	Rosinen	2 Mal
Backobst	3 =	Kaffee-Surrogate.	4 =	Rossfleisch	18 =
Backwaaren . . .	15 =	Lagerbier	8 =	Rossspeck	1 =
Brötchen, belegt .	1 = (1)	Linsen	2 =	Salzgurken	7 =
Brot	8 =	Mandeln	4 =	Sauerkraut	1 =
Butter	326 = (28)	Malzabfall . . .	1 =	Schweineschmalz. .	21 =
Chocolade	1 =	Margarine	11 =	Seefische	2 =
Eisbein	1 = (1)	Mehl	30 =	Soolei	1 = (1)
Erbsen	3 =	Milch, abgerahmt	29 = (3)	Speck	1 =
Fische, geräuchert	3 =	= sterilisiert	2 =	Thee, russischer . .	4 =
Fischfleisch . . .	1 =	= unabgerahmt	310 = (9)	Trinkwasser	3 = (1)
Frucht-Eis . . .	1 =	Mohnkuchen . .	1 = (1)	Vogelfutter	3 = (1)
Gewürz,englisches	2 =	Pfeffer	21 =	Wein	1 =
Graupe	10 =	Pfeffergurken . .	6 =	Wurstfarbe	1 =
Gries	6 =	Pfefferkuchen . .	7 =	Wurst	93 = (2)
Grütze	1 =	Pflaumen	1 =	Zimmt	1 =
Häringe	11 =	Pflaumenmus . .	2 =	Zucker	13 =
Hefe	10 = (2)	Rahm	1 =	Zuckerwaaren . . .	42 =
Hirse	8 =	Reis	3 =		
Jungbier	12 =	Rindfleisch . . .	55 = (6)		

II. Gebrauchsgegenstände.

Bierseidel	2 Mal (1)	Lampenschirm . .	2 Mal (1)	Trinkbecher	2 Mal
Cigarren	1 =	Metallpfeifen . . .	8 = (5)	Tuschkasten	3 =
Fliegenpapier . . .	1 =	Spielzeug	4 = (1)	Wachsstock	4 =
Kleiderstoffe . . .	15 =	Spiritus, denaturirt	46 = (1)		
Kochgeschirr . . .	1 =	Tapeten	13 =		

III. Verschiedenes.

Arzneien	2 Mal	Geheimmittel	2 Mal (1)
Carbolsäure	1 =	Rattenwurst	1 =

B. Im Auftrage von Gerichten und anderen Behörden wurden folgende Gegenstände untersucht:

Arzneien	5 Mal	Flugstaub	1 Mal	Metallpfeife	1 Mal
Bier	4 =	Gaswasser	1 =	Oelfarbe	1 =
Blut	3 =	Harn	1 =	Petroleum	1 =
Brandstiftungsobjecte .	1 =	Hemden	4 =	Schweineschmalz . . .	11 =
Branntwein	10 =	Himbeersaft	2 =	Speck	1 =
Brot	1 =	Kleidungsstücke, div. .	1 =	Speisereste	3 =
Butter	14 =	Leichentheile	27 =	Wasser	43 =
Chloroform	1 =	Löthwasser	1 =	Wein	3 =
Dokumente	2 =	Margarine	3 =	Wurst	2 =
Fleischbrocken, ver-		Mehl	2 =	Zündhütchen	1 =
giftete	1 =	Messer	1 =		

C. **Die Untersuchungen, welche im Auftrage des Magistrats zu Breslau und der diesem unterstellten Verwaltungen ausgeführt wurden, betrafen folgende Gegenstände:**

Anstrichfarbe	1 Mal	Fett	1 Mal	Leuchtgas	300 Mal
Asphalt	6 ″	Fleischmehl	2 ″	Lucin	1 ″
Betonkörper	2 ″	Flusswasser	7 ″	Melassefutter	2 ″
Bier	2 ″	Gasreinigungsmasse	5 ″	Milch, unabgerahmt	120 ″
Blutmehl	2 ″	Gaswasser	24 ″	Mörtel	1 ″
Bronce	1 ″	Gerstenschrot	1 ″	Petroleum	22 ″
Brot	40 ″	Hausschwamm	2 ″	Schlamm	1 ″
Brunnenwasser	1 ″	Hornspähne	1 ″	Seife	5 ″
Butter	73 ″	Kalksteinziegeln	2 ″	Semmel	30 ″
Carbolineum	2 ″	Kanalwasser	54 ″	Wagenfett	5 ″
Cement	1 ″	Knochenmehl	1 ″	Weizenmehl	1 ″
Dichtungsstricke	1 ″	Leim	1 ″	Wurst	2 ″
Erbsen	1 ″	Leitungswasser	4 ″	Ziegeln	2 ″

D. **Die für Private ausgeführten Untersuchungen betrafen folgende Gegenstände:**

Arzneien	2 Mal	Gewebe	2 Mal	Papier	1 Mal
Backpulver	2 ″	Gewürze	2 ″	Petroleum	6 ″
Birnen	1 ″	Harn	4 ″	Preisselbeeren	2 ″
Brot	2 ″	Hausschwamm	7 ″	Rahm	1 ″
Butter	21 ″	Honig	3 ″	Salmiak	1 ″
Cacao	1 ″	Hühner	1 ″	Schlagwetter	1 ″
Chocolade	1 ″	Käse	1 ″	Schlamm	1 ″
Cimexol	1 ″	Kirschsaft	2 ″	Speisereste	1 ″
Citronensaft	1 ″	Kryolith-Ersatz	1 ″	Stärkezucker	1 ″
Dahmenit	1 ″	Lehm	1 ″	Talg	3 ″
Dehlia	1 ″	Mageninhalt	1 ″	Tapete	1 ″
Dokumente	1 ″	Mehl	6 ″	Wasser	32 ″
Fische	1 ″	Metalle	3 ″	Wein	4 ″
Fleisch	3 ″	Mineralien	3 ″	Wurst	2 ″
Fleischbrühe	2 ″	Mineralwasser	7 ″	Zucker	1 ″
Futtermittel	3 ″	Milch, unabgerahmt	9 ″	Zuckersirup	2 ″
Gaswasser	3 ″	Organtheile	1 ″		

III. Einnahmen und Ausgaben.

Die baaren Einnahmen des Amtes im Rechnungsjahre 1898/99 betrugen:	Strafen		Gebühren		Summe	
	ℳ	₰	ℳ	₰	ℳ	₰
I. Aus der Restverwaltung	16	—	303	05	319	05
II. Aus der laufenden Verwaltung	2128	—	—	—	2128	—
a) Für Aufträge des Königl. Polizeipräsidiums	—	—	4840	—	4840	—
b) ″ ″ der städtischen Gas-, Wasser- und Elektricitäts-Werke	—	—	2100	—	2100	—
c) Für Aufträge anderer Behörden	—	—	4744	90	4744	90
d) ″ ″ von Privaten	—	—	1639	45	1639	45
e) Vergütung für die Beschäftigung von Volontairen	—	—	150	—	150	—
f) Erlös aus verkauften Jahresberichten	—	—	—	—	29	52
g) Sonstige unvorhergesehene Einnahmen	—	—	—	—	103	83

Wird dieser Einnahme der tarifmässige Werth der für die städtische Verwaltung ausser b) noch ausgeführten Arbeiten mit .... 5723 —

zugerechnet, so betragen die Einnahmen insgesammt .... 21777 | 75

Diesen Einnahmen stehen 23 357,61 ℳ Ausgaben gegenüber. Von den Ausgaben entfallen auf:

		ℳ	₰
1.	Localmiethe.	1800	—
2.	Heizung, Beleuchtung, Reinigung.	439	22
3.	Gas- und Wassergeld, Gebühr für elektrischen Strom	851	23
4.	Utensilien, chemische und physikalische Apparate	2614	38
5.	Chemikalien.	606	01
6.	Amtsbedürfnisse, Porto etc.	588	41
7.	Druck und Versendung des Jahresberichtes	615	36
8.	Bücher und Zeitschriften.	543	60
9.	Ankauf von Proben	19	63
10.	Bau- und Reparaturkosten	149	31
11.	Insgemein	—	—
		8227	15
Hierzu an Besoldungen etc.		15130	46
Summe aller Ausgaben		23357	61

IV. Specieller Theil.
Essig.

Auf Veranlassung des Königlichen Polizei-Präsidiums wurden Erhebungen über den Handel mit Essig und Essigpräparaten in Breslau angestellt.

Zunächst sollte festgestellt werden, in welchem Umfange Essigessenz, bekanntlich eine etwa 70 procentige Essigsäure, im Handel vorkomme. Zu diesem Zwecke wurde eine Umfrage in 58 grösseren Specereiläden und Delicatessgeschäften gehalten. Das Ergebniss der Umfrage war, dass von 58 Geschäften in 33 derselben Essigessenz feilgehalten wurde. Damit war die erhebliche Verbreitung der letzteren erwiesen, denn der Preis des Artikels bringt es mit sich, dass man denselben lediglich in den grösseren Geschäften, nicht aber auch in solchen kleineren und kleinen Umfanges als vorräthig erwarten dürfen wird.

Irgend welche den Verkauf der Essigessenz beschränkende Massregeln wurden nicht getroffen, da es vorläufig nur darauf ankam, Material zu sammeln.

Bei dieser Gelegenheit wurde auch die Frage betreffend den Vertrieb der „Weinessig“ genannten Präparate erörtert, ohne dass dieselbe indess zu einem Abschluss gelangte. Zum Theil ist das darauf zurückzuführen, dass echter Weinessig ein Artikel ist, welcher in Breslau doch nur in geringen Mengen gehandelt und lediglich in zuverlässigen Delicatesshandlungen gesucht wird, zum Theil darauf, dass auch die Producenten von Weinessig eine einwandfreie Definition davon, was unter Weinessig zu verstehen ist, nicht zu geben vermögen.

Wichtiger erschien es uns, zunächst einmal eine Antwort auf die Frage zu erhalten: „Wie steht es in Breslau mit dem Handel mit gewöhnlichem Speiseessig?“

Essigproben werden verhältnissmässig selten zur Untersuchung eingeliefert. Um also eine Antwort auf die gestellte Frage zu erhalten, war es nothwendig, das Material durch eine grössere Anzahl zu geeigneter Zeit selbst gekaufter Proben zu beschaffen.

Zu Ende Juni 1898, also zu einer Zeit, in welcher der Verbrauch an Essig infolge des reichlichen Salat-Genusses ein besonders starker sein musste, wurden aus den verschiedensten Theilen der Stadt 100 Proben von Essig angekauft und untersucht.

In Rücksicht gezogen wurde:

1) der Charakter des Verkaufgeschäftes d. h. ob der Verkäufer ein grösseres oder kleineres Geschäft hatte.

2) die Lage des Geschäftes d. h. ob dieses in der inneren Stadt bezw. in belebter Gegend oder in weniger belebter Gegend z. B. in der Vorstadt lag.

3) der für ein Liter des Essigs bezahlte Preis,

4) das äussere Aussehen des Essigs, ob derselbe klar oder trübe war,

5) ein etwa vorhandener Gehalt an Essigälchen,

6) der Gehalt an Essigsäure.

Die so erhaltenen Resultate waren nicht ohne Interesse.

Bäud. = Bäudelei. Col. G. = Colonialwaarengeschäft. Del. G. = Delikatessen-Geschäft.
I.-St. = Innere Stadt. V. St. = Vorstadt. H. Str. = Hauptstrasse. N. Str. = Nebenstrasse.

Lfd. No.	Art der Verkaufs-stelle	Gegend der Verkaufsstelle		Liter-preis in Pfg.	Trübung	Gehalt an Essig-älchen	Gehalt an Essigsäure in %
1	Col. G.	I. St.	N. Str.	10	0	0	2,6
2	Col. G.	I. St.	H. Str.	8	0	0	2,4
3	Del. G.	I. St.	H. Str.	6	0	0	2,7
4	Col. G.	V. St.	H. Str.	10	0	0	2,8
5	Col. G.	V. St.	H. Str.	10	0	0	4,9
6	Col. G.	I. St.	N. Str.	6	gering	0	2,1
7	Col. G.	I. St.	H. Str.	10	0	0	4,9
8	Col. G.	I. St.	H. Str.	10	0	0	4,9
9	Del. G.	I. St.	H. Str.	10	0	0	4,6
10	Col. G.	I. St.	H. Str.	6	0	0	1,4
11	Col. G.	I. St.	H. Str.	8	0	0	2,3
12	Col. G.	I. St.	H. Str.	6	0	0	2,4
13	Col. G.	I. St.	H. Str.	8	gering	0	2,5
14	Col. G.	I. St.	N. Str.	6	0	0	2,9
15	Col. G.	I. St.	N. Str.	6	0	0	2,1
16	Col. G.	I. St.	N. Str.	8	0	0	3,0
17	Del. G.	I. St.	H. Str.	10	0	0	1,7
18	Col. G.	I. St.	N. Str.	6	0	0	3,0
19	Bäud.	I. St.	N. Str.	8	0	0	3,6
20	Bäud.	I. St.	N. Str.	8	gering	0	2,3
21	Col. G.	V. St.	N. Str.	8	0	0	2,9
22	Col. G.	V. St.	H. Str.	8	0	0	3,4
23	Col. G.	V. St.	H. Str.	10	0	0	4,6
24	Col. G.	V. St.	H. Str.	10	gering	0	4,7
25	Bäud.	V. St.	N. Str.	10	stark	0	2,8
26	Bäud.	V. St.	N. Str.	8	0	0	2,5
27	Col. G.	V. St.	N. Str.	6	0	0	3,2
28	Col. G.	V. St.	N. Str.	6	0	0	3,6
29	Bäud.	V. St.	N. Str.	10	0	0	4,5
30	Col. G.	V. St.	N. Str.	6	gering	0	2,6
31	Col. G.	I. St.	N. Str.	10	0	0	2,2
32	Bäud.	I. St.	N. Str.	10	0	0	4,3
33	Col. G.	I. St.	N. Str.	10	0	0	2,7
34	Bäud.	I. St.	N. Str.	10	0	0	2,0
35	Col. G.	I. St.	H. Str.	8	0	0	2,9
36	Col. G.	I. St.	H. Str.	10	0	0	4,6
37	Col. G.	I. St.	H. Str.	6	stark	0	2,8
38	Col. G.	I. St.	N. Str.	8	0	erheblich	2,2
39	Col. G.	I. St.	H. Str.	10	0	0	3,6
40	Col. G.	I. St.	N. Str.	10	0	0	3,8

Lfd. No.	Art der Verkaufs- stelle	Gegend der Verkaufsstelle		Liter- preis in Pfg.	Trübung	Gehalt an Essig- älchen	Gehalt an Essigsäure in %
41	Col. G.	I. St.	H. Str.	10	0	0	2,8
42	Col. G.	V. St.	H. Str.	10	0	0	4,7
43	Col. G.	V. St.	H. Str.	8	0	0	2,8
44	Col. G.	V. St.	H. Str.	8	0	0	2,4
45	Col. G.	V. St.	H. Str.	6	gering	0	2,0
46	Bäud.	I. St.	N. Str.	6	0	0	2,6
47	Bäud.	I. St.	N. Str.	10	0	0	2,1
48	Bäud.	I. St.	N. Str.	10	0	0	2,2
49	Col. G.	I. St.	N. Str.	6	0	0	2,1
50	Col. G.	I. St.	H. Str.	10	0	0	5,8
51	Col. G.	V. St.	N. Str.	8	0	0	2,8
52	Col. G.	V. St.	N. Str.	8	gering	mässig	2,1
53	Bäud.	V. St.	N. Str.	6	stark	mässig	1,8
54	Bäud.	V. St.	N. Str.	10	gering	gering	2,5
55	Bäud.	V. St.	N. Str.	8	0	0	2,8
56	Bäud.	V. St.	N. Str.	10	0	0	3,4
57	Bäud.	V. St.	N. Str.	10	0	0	4,1
58	Bäud.	V. St.	N. Str.	10	0	sehr stark	2,6
59	Bäud.	V. St.	N. Str.	10	0	0	2,1
60	Col. G.	V. St.	H. Str.	8	0	0	4,6
61	Col. G.	V. St.	N. Str.	8	0	0	2,6
62	Bäud.	V. St.	N. Str.	6	gering	sehr erheblich	1,8
63	Bäud.	V. St.	N. Str.	8	0	erheblich	2,8
64	Col. G.	V. St.	N. Str.	6	0	0	2,3
65	Bäud.	V. St.	N. Str.	8	gering	0	4,4
66	Bäud.	V. St.	N. Str.	10	0	0	2,0
67	Col. G.	V. St.	N. Str.	6	stark	0	2,3
68	Col. G.	V. St.	H. Str.	8	0	0	2,8
69	Col. G.	V. St.	H. Str.	8	0	0	3,2
70	Col. G.	V. St.	N. Str.	10	stark	sehr erheblich	3,2
71	Col. G.	V. St.	H. Str.	8	0	0	1,9
72	Col. G.	V. St.	H. Str.	8	stark	erheblich	2,4
73	Col. G.	V. St.	H. Str.	8	schwach	erheblich	2,8
74	Col. G.	V. St.	H. Str.	8	0	0	4,3
75	Col. G.	V. St.	H. Str.	8	schwach	0	2,9
76	Bäud.	V. St.	N. Str.	10	0	0	3,9
77	Bäud.	V. St.	N. Str.	10	0	0	2,8
78	Col. G·	V. St.	N. Str.	10	schwach	mässig	2,8
79	Bäud.	V. St.	H. Str.	10	stark	erheblich	3,0
80	Bäud.	V. St.	H. Str.	10	0	0	3,8
81	Col. G·	V. St.	H. Str.	8	0	0	3,0
82	Col. G·	V. St.	H. Str.	10	gering	0	2,5
83	Col. G·	V. St.	H. Str.	6	gering	0	2,3
84	Col. G·	V. St.	H. Str.	10	0	0	4,3
85	Bäud.	V. St.	H. Str.	10	gering	0	4,4
86	Bäud.	V. St.	H. Str.	10	stark	erheblich	3,0
87	Col. G.	V. St.	N. Str.	8	gering	0	3,4
88	Col. G.	V. St.	N. Str.	10	0	0	2,8
89	Bäud.	V. St.	N. Str.	10	0	0	4,8
90	Col. G.	V. St.	N. Str.	8	0	0	4,6
91	Col. G.	V. St.	H. Str.	10	0	0	4,6
92	Col, G.	V. St.	N. Str.	8	0	0	2,6
93	Col. G.	V. St.	N. Str.	8	0	0	2,4
94	Bäud.	V. St.	N. Str.	10	0	0	4,9
95	Bäud.	V. St.	N. Str.	8	gering	0	1,9
96	Bäud.	V St.	N. Str.	10	gering	mässig	2,7
97	Bäud.	V. St.	N. Str.	10	0	0	3,4
98	Bäud.	V. St.	N. Str.	10	0	0	3,5
99	Bäud.	V. St.	N.ᶠStr.	10	0	0	2,5
100	Col. G.	V. St.	N. Str.	8	0	0	2,4

Die mitgetheilte Zusammenstellung lehrt folgendes:

Der schwächste Essig enthielt 1,4 % Essigsäure und kostete pro Liter 6 ₰.

Der stärkste Essig enthielt 5,8 % Essigsäure und kostete pro Liter 10 ₰.

Mithin war der zuerst aufgeführte schwache Essig mit 1,4 % Essigsäuregehalt genau 2 ½ mal so theuer als der 5,8 % Essigsäure enthaltende. Beide stammten aus Colonialwaaren Geschäften der inneren Stadt aus verkehrsreichen Strassen.

Im Einzelnen ergiebt die Zusammenstellung folgendes:

Unter den untersuchten Proben waren

$\qquad$ 6 % mit einem Gehalt von 1,4—1,9 % Essigsäure

$\qquad$ 54 % = = = = 2,0—2,9 % =

$\qquad$ 19 % = = = = 3,0—3,9 % =

$\qquad$ 21 % = = = = 4,0 % und darüber.

Giebt man sich Rechenschaft darüber, in welchem Preisverhältniss die einzelnen Sorten zu einander stehen, so stellt sich folgendes interessante Ergebniss heraus:

Anzahl der Proben à 1 Ltr.	Gehalt an Essigsäure %	Enthalten insgesammt g Essigsäure	Kosten insgesammt Pfennige	100 g Essigsäure kosten also Pfennige
6	1,4—1,9	105	44	41,9
54	2,0—2,9	1353	444	32,8
19	3,0—3,9	640	168	26,2
21	4,0—5,8	975	202	20,7

Es ergiebt sich alsdann, dass die dünnen Essige etwa noch einmal so theuer bezahlt werden als diejenigen, welche den normalen Gehalt von rund 4 % Essigsäure aufweisen.

Da nun der Essig ein Consumartikel ist, welcher im kleinen Haushalt in verhältnissmässig grösster Menge consumirt wird, so möchten wir daraus den Schluss ziehen, dass eine örtliche Verordnung, welche für den Essig einen Mindestgehalt von 4 % Essigsäure vorschreibt, ein Bedürfniss ist.

Es kommt noch hinzu, dass wie sich aus der Tabelle ergiebt, bei keinem der Essige mit 4 % und mehr Essigsäure das Vorkommen der Ekel erregenden Essigälchen beobachtet worden ist. Das mag ein Zufall sein; indessen steht es fest, dass Essigälchen in einem schwachen Essig sich lebhafter vermehren als in einem stärkeren.

Schliesslich wäre noch zu berücksichtigen, dass durch einen zu schwachen Essig unter Umständen Nahrungsmittel um einen guten Theil ihres Genusswerthes gebracht werden, und dass Essig-Conserven sehr leicht der Verderbniss anheimfallen können.

Brot, Mehl.

Es wurden im Berichtsjahre untersucht: 51 Proben Brot, 30 Proben Semmel, 15 Proben anderer Backwaaren, 39 Proben Mehl, 34 Proben verschiedener Gegräupe etc. (Erbsen 4, Graupe 10, Gries 6, Grütze 1, Hirse 8, Linsen 2, Reis 3), endlich 4 Proben verschiedener Futtermittel.

Die eingelieferten Proben gaben im Allgemeinen Veranlassung zu Beanstandungen nicht. Backwaaren gehören zu denjenigen Nahrungsmitteln, deren Beschaffenheit auch der Laie zu beurtheilen vermag, sodass in dieser Beziehung der Consument die wirksamste Controle ausübt.

Wie in früheren Jahren, so wurden auch in diesem Berichtsjahre die in den städtischen Anstalten verbrauchten Backwaaren einer regelmässigen Untersuchung unterworfen. Die während der genannten Zeit erhaltenen Grenzwerthe waren folgende:

	Maximum	Minimum
Für Brot		
Gehalt an Wasser	39,1%	33,3%
Gehalt an Trockensubstanz .	66,7%	60,9%
Gehalt an Mineralstoffen . .	1,3%	0,4%

Die als Maximum aufgeführte Zahl von 1,3% Mineralstoffen wurde durch etwas reichlich zugesetztes Kochsalz bedingt.

Die entsprechenden Zahlen für die Vorjahre waren:

1896/97:

	Maximum	Minimum
Gehalt an Wasser	41,8%	29,7%
Gehalt an Trockensubstanz .	70,3%	58,2%
Gehalt an Mineralstoffen . .	0,8%	0,4%

1897/98:

	Maximum	Minimum
Gehalt an Wasser	43,7%	20,8%
Gehalt an Trockensubstanz .	79,2%	56,3%
Gehalt an Mineralstoffen . .	0,9%	0,2%

Demnach blieb während des Berichtsjahres der Wassergehalt des Brotes hinter dem in früheren Jahren beobachteten Maximum von 42—43% um ein Geringes zurück, indessen ist diese Thatsache nicht geeignet, uns zu einer Aenderung des angenommenen Grenzwerthes zu veranlassen.

Die entsprechenden Daten für Semmel sind folgende:

	1896/97	1897/98	1898/99
Gehalt an Wasser	22—42,3%	23,2—31,6%	24,7—34,2%
Gehalt an Mineralstoffen . .	0,7—2,3 =	0,8—2,0 =	1,0—1,8 =
Gewicht einer Semmel . . .	74—122 g	72—96 g	70—98 g
Trockenrückstand einer Semmel	48,6—99,8 g	51,4—68,5 g	50,8—67,8 g

Von den in den städtischen Anstalten verbrauchten Backwaaren war nur eine Semmel *U. A. 3033/98* zu beanstanden, weil dieselbe nachlässig gebacken war. Sie hatte eine derartig helle Rinde, dass sie überhaupt nicht geröstet zu sein schien. Wir lassen zunächst das zahlenmässige Material folgen:

Brot (Graubrot).

Auftraggebende Verwaltung	Geschäfts- zeichen U. A.	Das Brot enthielt in Procenten				davon	
		Rinde	Krume	Wasser	Trocken- rückstand	orga- nisch	unorga- nisch
Armenhaus	715/98	28,3	71,7	35,1	64,9	64,1	0,8
	1334/98	27,0	73,0	35,5	64,5	63,7	0,8
	2472/98	31,7	68,3	34,5	65,5	64,7	0,8
	53/99	28,9	71,1	37,3	62,7	62,0	0,7
Claassen'sches Siechenhaus.	677/98	21,7	78,3	35,2	64,8	64,3	0,5
	1390/98	23,1	76,9	36,4	63,6	62,3	1,3
	2311/98	29,0	71,0	36,9	63,1	62,3	0,8
	36/99	23,9	76,1	37,8	62,2	61,4	0,8

Auftraggebende Verwaltung	Geschäfts-zeichen U. A.	Das Brot enthielt in Procenten					
		Rinde	Krume	Wasser	Trocken-rückstand	orga-nisch	unorga-nisch
						davon	
Genesungshaus zu Weidenhof.	972/98	20,0	80,0	34,2	65,8	65,2	0,6
	1422/98	25,6	74,4	33,4	66,6	66,0	0,6
	2023/98	22,3	77,7	36,9	63,1	62,4	0,7
	2943/88	24,8	75,2	38 2	61,8	61,4	0,4
	61/99	27,7	72,3	39,1	60,9	60,4	0,5
	441/99	29,4	70,6	38,9	61,1	60,6	0,5
Irrenhaus in der Einbaumstrasse.	886/98	15,2	84,8	39,0	61,0	60,5	0,5
	1337/98	24,5	75,5	37,1	62,9	62,3	0,6
	2000/98	21,1	78,9	37,4	62,6	62,1	0,5
	2864/98	18,7	81,3	35,0	65,0	64,5	0,5
	13/99	22,0	78,0	37,5	62,5	61,8	0,7
	458/99	31,0	69,0	36,9	63,1	62,5	0,6
Kinderhospital zum heiligen Grabe.	1019/98	31,4	68,6	37,0	63,0	62,3	0,7
	1883/98	19,1	80,9	33,9	66,1	65,6	0,5
	3018/98	27,8	72,2	37,3	62,7	62,2	0,5
	384/99	27,0	73,0	38,0	62,0	61,4	0,6
Krankenhospital zu Allerheiligen.	881/98	29,5	70,5	33,3	66,7	66,0	0,7
	1396/98	27,9	72,1	34,3	65,7	65,1	0,6
	2020/98	27,6	72,4	38,0	62,0	61,5	0,5
	2866/98	26,3	73,7	36,5	63,5	62,9	0,6
	3162/98	33,1	66,9	35,1	64,9	64,1	0,8
	52/99	26,3	73,7	36,6	63,4	62,7	0,7
	423/99	27,5	72,5	37,5	62,5	61,9	0,6
Wenzel-Hancke'sches Krankenhaus.	686/98	19,0	81,0	39,5	60,5	60,1	0,4
	1115/98	30,5	69,5	34,8	65,2	64,7	0,5
	1601/98	19,4	80,6	36,1	63,9	63,3	0,6
	2308/98	24,3	75,7	37,0	63,0	62,5	0,5
	3122/98	24,3	75,7	34,2	65,8	65,3	0,5
	227/99	33,9	66,1	36,1	63,9	63,4	0,5

Semmel.

Auftraggebende Verwaltung	Geschäfts-zeichen U. A.	Gewicht der Semmel g	Die Semmel enthielt in Procenten				Gesammt-Trocken-rückstand einer Semmel g
			Wasser	Trocken-rückstand	orga-nisch	unorga-nisch	
					davon		
Claassen'sches Siechenhaus	677/98	80	27,9	72,1	70,9	1,2	57,7
	1390/98	77	28,4	71,6	70,2	1,4	55,1
	2311/98	75	31,7	68,3	66,7	1,6	51,2
	36/99	82	26,8	73.2	71,5	1,7	60,0
Genesungshaus zu Weidenhof.	972/98	72	24,7	75,3	73,7	1,6	54,2
	1422/98	84	30,1	69,9	68,4	1,5	58,7
	2023/98	90	32,7	67,3	66 2	1,1	60,6
	2948/98	81	31,2	68,8	67,8	1,0	55,7
	62/99	91	34,2	65,8	64,3	1,5	59,9
	441/99	84	30,2	69,8	68,4	1,2	58,6
Irrenhaus in der Einbaumstrasse.	886/98	73	27,8	72,2	70,8	1.4	52,7
	1337/98	85	28,6	71,4	69,7	1,7	60,7
	2000/98	78	28,9	71,1	70,0	1,1	55,5
	2864/98	77	28,8	71,2	70,1	1,1	54,8
	13/99	82	29,5	70,5	69,2	1,3	57,8
	455/99	84	30,7	69,3	67,9	1,4	58,2

Auftraggebende Verwaltung	Geschäftszeichen U. A.	Gewicht der Semmel g	Die Semmel enthielt in Procenten		davon		Gesammt-Trockenrückstand einer Semmel g
			Wasser	Trockenrückstand	organisch	unorganisch	
Krankenhospital zu Allerheiligen.	881/98	75	29,6	70,4	69,1	1,3	52,8
	1396/98	70	26,8	73,2	71,4	1,8	51,2
	2020/98	71	24,7	75,3	74,1	1,2	53,5
	2866/98	77	26,3	73,7	72,4	1,3	56,7
	3162/98	72	29,5	70,5	69,1	1,4	50,8
	52/99	78	30,1	69,9	68,4	1,5	54,5
	423/99	79	29,8	70,2	68,7	1,5	55,5
Wenzel-Hancke'sches Krankenhaus.	687/98	95	28,6	71,4	70,1	1,3	67,8
	1115/98	72	25,6	74,4	73,1	1,3	53,6
	1601/98	89	33,5	66,5	65,3	1,2	59,2
	2308/98	98	32,0	68,0	67,0	1,0	66,6
	3122/98	75	28,0	72,0	70,2	1,8	54,0
	227/99	82	29,0	71,0	69,7	1,3	58,2

Verfälschtes Brot (?). Von einem auswärtigen Landgerichte war ein Gutachten darüber eingefordert worden, ob in dem Zusatz von Semmel zum Brot ein Verstoss gegen das Nahrungsmittelgesetz zu erblicken sei. Der nicht uninteressante Fall lag wie folgt:

Ein Bäcker hatte die nicht verkaufte Semmel dadurch verwerthet, dass er sie völlig trocken werden liess, dann zu Pulver stiess und dieses dem Brotteig zusetzte. Er war deshalb wegen Fälschung eines Nahrungsmittels angeklagt, aber in erster Instanz von dem betr. Amtsgericht freigesprochen worden. Als Sachverständige geladene Bäckermeister hatten ihr Gutachten dahin abgegeben, dass der Zusatz von Semmel zum Brot nicht nur keine Verschlechterung, sondern vielmehr eine Verbesserung darstelle. Gegen dieses Urtheil war von der Königlichen Staatsanwaltschaft Berufung eingelegt worden.

Unseres Erachtens kann es einem Zweifel nicht unterliegen, dass dieses Verfahren ungehörig ist. Der Käufer darf für sein gutes Geld erwarten, dass ihm ein gewerbegerecht hergestelltes, d. h. aus Mehl, Wasser, Salz und Sauerteig und nicht unter Verwendung von altbackener Semmel erbackenes Brot geliefert wird. Andererseits scheint es, als ob das Nahrungsmittelgesetz keine Handhabe biete, dieser Ungehörigkeit entgegen zu treten.

Zunächst lässt sich nicht beweisen, dass mit der Semmel etwas von dem gewöhnlichen Mehle substanziell verschiedenes in den Brotteig gelangt. Ferner ist geriebene oder gestossene Semmel an sich nichts Ekel erregendes, denn sie wird bisweilen als solche von Hausfrauen beim Bäcker zum Zubereiten von Speisen gekauft. Und doch widerspricht es dem ästhetischen Gefühle, diese Manipulation als zulässig zu bezeichnen.

Wir haben also unser Gutachten dahin abgegeben, dass nach unserer Auffassung eine „Verfälschung" vorliege. Der Käufer sei in seiner Erwartung getäuscht worden. Er habe erwarten dürfen, für den normalen Preis ein normales Brot aus Mehl und nicht aus Mehl und altbackener Semmel von möglicherweise zweifelhafter Beschaffenheit zu erhalten.

Da wir in diesem Falle etwas Weiteres nicht mehr gehört haben, so nehmen wir an, dass das Verfahren eingestellt worden ist, um so mehr, als inzwischen gelegentlich ähnlicher Fälle von anderen Landgerichten die Anwendbarkeit des Nahrungsmittelgesetzes aus den vorher erwähnten Bedenken verneint worden ist.

Wir ziehen hieraus auf's Neue den Schluss, dass das Nahrungsmittelgesetz reformbedürftig ist und dahin auszubauen sein wird, dass die gewerbegerechte Herstellung von Nahrungsmitteln zu fordern ist.

Mehl. Unter den eingesendeten Mehlproben, die sich im Allgemeinen als normal erwiesen, waren zwei von einigem Interesse aus folgenden Gründen:

U. A. 297/99. Einer hiesigen, streng reellen Mühle waren von alten, bewährten Kunden grosse Mengen Roggenmehl zur Verfügung gestellt, weil es total unbrauchbar und nicht backfähig sei. Die mit demselben erbackenen Brote würden hohl, die Rinde löse sich von der Krume ab, das Gebäck werde grossporig und schmecke auch schlecht. Es solle festgestellt werden, ob das Mehl aus gesundem, trockenem oder ausgewachsenem Roggen ermahlen sei.

Die mikroskopische Untersuchung zeigte in der That, dass hier ein Mehl von abnormer Beschaffenheit vorlag. Zahlreiche Stärkekörner zeigten eigenartige Auflösungsvorgänge, welche allerdings anders aussahen, als wie sie bei ausgewachsenem Roggen beobachtet worden sind. Die Körner hatten radiale Risse, das Lichtbrechungsvermögen war an verschiedenen Stellen des Kornes ein verschiedenes, sodass es aussah, als ob die Körner im polarisirten Lichte betrachtet würden. Endlich wurden vielfach runde Körner beobachtet, die aus einer segmentartigen Stelle des Randes den Inhalt des Kornes in bizarren Formen heraustreten liessen. Wir hatten später Gelegenheit, den Roggen kennen zu lernen, aus welchem dieses Mehl vermahlen worden war. Dieser Roggen hatte eine sehr fein gerunzelte Oberfläche, auf dem Querschnitt sah man von der Peripherie aus verkleisterte Stellen, und das Bild der Stärkekörner war das oben beschriebene.

Dieser Roggen war sogenanntes Schober-Getreide d. h. Roggen, welcher auf dem Felde feucht geworden und dann zum Trocknen in Schober gebracht worden war.

U. A. 569/99. Zwei Proben Roggenmehl von einem ausländischen Mühlenverbande eingesendet, zeigten unter dem Mikroskop genau die nämlichen Quellungserscheinungen, welche wir vorher als charakteristich für feucht gelagertes Getreide angegeben hatten.

Ausserdem aber enthielten beide Mehlproben — die eine in grösserer, die andere in geringerer Menge — Mutterkorn. Dieses wurde sowohl auf chemischem Wege (nach Hoffmann) als auch durch das Mikroskop nachgewiesen. Bei dem mikroskopischen Nachweise hat uns sehr gute Dienste geleistet die Färbung mit alkoholischer Alkannatinktur. Der rothe Farbstoff der letzteren wird bekanntlich besonders leicht von fetten Oelen aufgenommen. Da das Mutterkorn reichlich fettes Oel enthält, so hat man namentlich auf roth gefärbte Partikel zu achten, deren weitere Indentificirung alsdann geringere Schwierigkeiten macht.

Eine Verfälschung eines Roggen- oder Weizenmehles mit Maismehl, auf welche durch die Behörden ausdrücklich aufmerksam gemacht worden war, ist uns in unserer Praxis nicht vorgekommen, trotzdem scharf darauf geachtet wurde.

Eine Probe Schrotbrot, welche uns von einem auswärtigen Collegen zugesendet worden war, weil sie angeblich Maismehl enthalten sollte, erwies sich als frei von Maismehl. Der Beurtheiler, welcher diesen Verdacht geäussert hatte, war durch die Zellen des Keimlings des Roggenkornes getäuscht worden. Er hatte diese Zellen für Maisstärke gehalten.

Gegräupe. Ueber die eingelieferten und untersuchten Gegräupe etc. ist nichts zu erwähnen. Dieselben erwiesen sich als normal, abgesehen davon, dass sie gelegentlich einmal geringe zufällige Verunreinigungen enthielten, wie sie in allen solchen Naturproducten vorkommen.

Fleisch, Wurst etc.

Durch das Königliche Polizei-Präsidium wurden während des Berichtsjahres im Ganzen 170 Proben Fleisch und Fleischpräparate eingeliefert. Unter diesen befanden sich 55 Proben gehacktes Rindfleisch, 18 Proben gehacktes Rossfleisch, 1 Probe Speck, 1 Probe Rossspeck und 93 Proben verschiedener Wurst. Beanstandet wurden 10 Proben = rund 6% der Fälle.

Dieses Ergebniss ist ein verhältnissmässig günstiges und darauf zurückzuführen, dass die Beanstandungen des gehackten rohen Fleisches wegen eines übermässig grossen Zusatzes von schwefligsauren Salzen nunmehr doch seltener werden. Völlig hat natürlich dieser Gebrauch schwefligsaurer Conservirungssalze nicht aufgehört; dazu ist derselbe vor allem zu bequem. Aber die Inhaber der Fleischwaarengeschäfte sehen doch weitaus strenger wie früher darauf, dass das zuzusetzende Conservesalz auch wirklich abgewogen wird.

Die nachfolgende Zusammenstellung giebt diejenigen Fälle wieder, in denen der Gehalt an schwefliger Säure bestimmt worden ist.

Gehalt des gehackten Rindfleisches an schwefliger Säure.

Geschäftszeichen U. A.	Gehalt an schwefliger Säure SO_2 Proc.	Geschäftszeichen U. A.	Gehalt an schwefliger Säure SO_2 Proc.	Geschäftszeichen U. A.	Gehalt an schwefliger Säure SO_2 Proc.
702/98	0,157	1123/98	0,051	3160/98	0,060
747/98	0,045	1192/98	0,058	3257/98	0,064
774/98	0,050	1333/98	0,025	197/99	0,033
833/98	0,136	1947/98	0,040	425/99	0,066
870/98	0,070	1971/98	0,056	482/99	0,041
957/98	0,038	2743/98	0,080	515/99	0,048
965/98	0,199	2857/98	0,063		
988/98	0,120	2973/98	0,080		

Unter den 55 Proben Rindfleisch enthielten zwar immer noch 22 Proben schweflige Säure, aber nur bei 6 Proben überschritt der Gehalt die für Breslau als zulässig angenommene Maximalzahl von 0,06% erheblich, sodass Beanstandung erfolgen musste. Es ergiebt sich daraus, dass das Bestreben der Fleischer wächst, den Zusatz des Conservesalzes mit der Waage zu controliren.

Die eingelieferten Proben von gehacktem Rossfleisch wurden in allen Fällen daraufhin untersucht, ob ihnen zum Zwecke der Gewichtsvermehrung Wasser oder Stärke und Wasser zugesetzt sei. Ausserdem wurden sie noch auf die Anwesenheit nicht zulässiger Conservirungsmittel geprüft. In keinem Falle wurde nachgewiesen, dass eine Gewichtsvermehrung durch Wasser oder Stärkezusatz vorgenommen war. Die erhaltenen Zahlen für den Wassergehalt waren folgende:

Wassergehalt des Rossfleisches.

Geschäfts-zeichen U. A.	Wasser-gehalt in Procenten	Geschäfts-zeichen U. A.	Wasser-gehalt in Procenten	Geschäfts-zeichen U. A.	Wasser-gehalt in Procenten	Geschäfts-zeichen U. A.	Wasser-gehalt in Procenten
771/98	59,3	1935/98	71,3	2741/98	73,3	387/99	63,5
1091/98	69,1	2065/98	74,7	2888/98	71,3	424/99	73,44
1125/98	72,29	2079/98	70,3	3223/98	75,9	448/99	69,9
1788/98	73,9	2179/98	69,3	126/99	73,15	594/99	72,1

Irgend ein Conservirungmittel war — im Gegensatze zu früheren Jahren — dem Rossfleisch in keinem Falle beigemengt.

Die Mittheilungen, welche wir in unserem Berichte für 1897/98 (S. 18 und 19) über die Beschaffenheit der in Breslau producirten geräucherten Fleischwaaren gemacht hatten, haben uns von Seiten der Consumenten die lebhafteste Zustimmung eingebracht. Wir hätten, so wurde uns versichert, den Consumenten so recht aus der Seele gesprochen.

Nicht die gleiche Zustimmung brachten uns die Producenten entgegen. Die deutsche Fleischer-Zeitung nannte unsere Mittheilungen „eine inhaltlose und durch nichts bewiesene Behauptung".

Woher dieses in Berlin erscheinende Blatt seine „objectiven" Kenntnisse über die bezüglichen Breslauer Verhältnisse schöpft, ist uns nicht bekannt. Sollte sich die betreffende Redaction indessen für den Gegenstand ernstlich interessiren, so würden wir bereit sein, derselben gelegentlich Proben der hiesigen Erzeugnisse zugehen zu lassen. Im Folgenden theilen wir zunächst einige Specialfälle mit, die für uns an Interesse dadurch nicht verlieren, dass sie sich ausserhalb der eigentlichen Wurstgeschäfte abspielten, da wir uns in erster Linie über den Verkehr mit Fleischwaaren überhaupt und nur gelegentlich mit den in Frage kommenden Verkaufsstellen beschäftigen.

U. A. 1957/98. Brötchen mit gefärbtem Fleisch. In einer in guter Gegend gelegenen sogenannten Steh-Bierhalle wurden unter anderem auch Brötchen verkauft, welche mit rohem Fleisch belegt waren. Ein solches Brötchen erhielt im August 1898 auch einmal ein Sachverständiger, nämlich ein Breslauer Fleischermeister. Diesem fiel die unnatürlich rothe Farbe des Fleisches auf, und er übergab die noch unverzehrten Reste des Brötchens der Polizei. Die Untersuchung des Fleisches zeigte, dass dasselbe durch einen Theerfarbstoff dermassen intensiv roth gefärbt war, dass sich die Färbung auch der unter dem Fleische liegenden Butter mitgetheilt hatte. Wir erklärten das Fleisch für verfälscht. Das Gericht schloss sich später unserer Auffassung an.

U. A. 2821/98. Verdorbene Cervelatwurst. Auf einem grossen Neubau beschäftigte Arbeiter hatten in einer benachbarten Cantine für einige Groschen Cervelatwurst gekauft; welche sie, da sie ihnen ungeniessbar erschien, der Polizei übergaben.

Die Wurst war gegen 10 Uhr früh gekauft worden, gegen 12 Uhr in unseren Händen und um 1 Uhr von uns bereits an den zuständigen Medicinalbeamten (Polizei-Physikus) weitergegeben worden. Der Befund war folgender:

Den Inhalt des Darmes bildete eine in Fäulniss übergegangene Fleischmasse, welche gar nicht den Eindruck machte, dass sie Wurstfüllung darstellen solle, vielmehr das Aussehen verdorbenen rohen Fleisches hatte. Die Wurst wurde diesseits als verdorben und von dem medicinischen Sachverständigen als gesundheitsschädlich begutachtet.

Bei der später stattfindenden Verhandlung wurde folgender Thatbestand ermittelt: Die Wurst war von dem Cantineninhaber selbst hergestellt worden dadurch, dass dieser rohes Fleisch, welches mit Salz und Gewürz versetzt war, in Därme füllte und die so bereiteten Würste in seinem Schanklokal zum Reifen und Trocknen aufhing. Eine Räucherung hatte nicht stattgefunden. Der Beschuldigte gab zu, dass die Wurst in beginnender Fäulniss begriffen gewesen sei, und erklärte dies dadurch, dass sie wohl an einem zu warmen Orte gehangen habe. Davon abgesehen, war er bereit, durch Vernehmung von Breslauer Wurstfabrikanten den Beweis dafür zu erbringen, dass Cervelatwurst überhaupt nicht geräuchert zu werden brauche, und dass diese Herstellungsart von Cervelatwurst (ohne Räucherung) in Breslau durchaus gebräuchlich sei. Dieser Beweis wurde als unerheblich abgelehnt und der Angeklagte zu einer geringen Geldstrafe verurtheilt.

U. A. 2270/98. Ungeniessbarer Speck. Im September 1898 waren von den Mannschaften eines in Breslau garnisonirenden Truppentheils grosse Mengen des ihnen zum Abendbrot verabreichten Specks als ungeniessbar bezeichnet. Die betreffende Küchenverwaltung ersuchte nun das diesseitige Amt um ein Gutachten.

Nach den Lieferungsbedingungen sollte geliefert werden: Von inländischen Schweinen herrührender Räucherspeck, gut gepökelt, nach der altbewährten Räuchermethode (ohne Holzessig) geräuchert, von bester Beschaffenheit. Diesen Bedingungen entsprach das uns vorgelegte Muster keineswegs. Es war vielmehr — obgleich sich dies ja objectiv nicht feststellen liess — amerikanischer Speck. Derselbe war sehr mangelhaft gepökelt, und so gut wie gar nicht geräuchert.

Er eignete sich zum Rohessen ganz und gar nicht, denn er schmeckte ranzig und kratzend und wälzte sich beim Kauen wie grüner Speck im Munde.

Ueber die „Entstehung" dieses Räucherspecks kann man kaum im Unklaren sein.

Derselbe ist in der Weise zu Stande gekommen, dass gepökelte amerikanische Speckseiten zunächst gewässert und dann wahrscheinlich mit Holzessig bestrichen und getrocknet wurden. Möglicherweise sind sie auch einmal vorübergehend in einer Räucherkammer gewesen. Bei der Wässerung hatte man etwas zuviel des Guten gethan, während bei der Räucherung etwas zu wenig geleistet worden war.

Amerikanische Fleischwaaren. Eine besondere Neuheit kam während des Winters 1898 in amerikanischen, geräucherten Fleischwaaren an den Markt. So weit uns bekannt geworden, handelte es sich zunächst um geräucherten Schinken und um Cervelatwurst (sog. Plockwurst).

Ein Breslauer Kaufmann hatte bei einem Auctionator ca. 100 kg Schinken zum Preise von 1,16 ℳ für das kg gekauft. Bei der Abnahme der Waare stellte sich heraus, dass dieselbe verdorben war. Ein uns übergebener Schinken dieser Parthie erwies sich als in hochgradiger Fäulniss begriffen. Da eine öffentliche Gefahr vorlag, so gaben wir der zuständigen Behörde Kenntniss von dem Vorkommniss und veranlassten damit, dass die ganze Sendung beschlagnahmt wurde, von welcher der obige Posten nur einen geringen Theil darstellte. Die von Sachverständigen als verdorben ausgeschiedenen Schinken wurden vernichtet.

Wir möchten bei dieser Gelegenheit mittheilen, dass man Schinken auf ihre Beschaffenheit im Innern dadurch prüft, dass man zugespitzte lange Wurstspeile den Knochen entlang in die Schinken einstösst und nach kurzem Verweilen wieder herauszieht. Riechen die Speile faulig, so ist der Schluss zu ziehen, dass der Schinken im Innern verdorben ist. Natürlich muss man für jede Probe einen frischen Speil benutzen, auch kann man an Stelle eines Holzspeiles eine Harpune aus Stahl anwenden.

Das zweite exotische Fleischproduct war amerikanische Cervelatwurst. Wie schon oben bemerkt, handelte es sich um sogenannte Plockwurst, d. h. Wurst, welche innerhalb einer Fleischmasse grössere Fettwürfel enthält. Diese Wurst muss in grossen Mengen nach Deutschland eingeführt worden sein, denn wir erhielten aus verschiedenen Theilen Schlesiens Sendungen solcher Wurst, die von den Consumenten mit Protest zurückgewiesen worden war. Selbst die oberschlesischen Hüttenarbeiter hatten sie als ungeniessbar erklärt.

Die Wurst charakterisirte sich zunächst dadurch, dass sie sehr wasserarm war und sogenannte Dauerwurst darstellte. Sie war ferner ausserordentlich stark gewürzt, d. h. scharf gesalzen und gepfeffert. Anscheinend war auch ein künstlicher Farbstoff angewendet worden, doch war dieser im Verlauf der Lagerung zum grössten Theile zerstört worden. Auf der Schnittfläche erwies sich in der Regel der Kern noch roth gefärbt, während von der Peripherie aus Verfärbung der Füllung eingetreten war. Die Fettwürfel waren von gelblicher Farbe und von schmieriger Beschaffenheit.

Unter den Sendungen, welche uns zur Begutachtung vorlagen, befanden sich merkwürdigerweise durchweg zwei Qualitäten, von denen jede etwa in einem Procentsatze von 50% vorhanden war. Bezüglich der Geniessbarkeit der einen Sorte konnte man schliesslich im Zweifel sein. Der Geschmack war zwar nicht gut, aber wir fanden immerhin Angehörige der weniger begüterten Klasse, welche erklärten, dass ihnen diese Wurst ganz leidlich schmecke, und dass sie sie auch zu dem Preise von rund 1,20 ℳ für das Kilo erwerben würden.

Bezüglich der anderen 50% konnte dagegen ein Zweifel nicht obwalten, diese erklärten wir und auch die von uns mit der Kostprobe betrauten Unbemittelten als völlig ungeniessbar. Beschreiben lässt sich der Geschmack nicht, indessen haben die Amerikaner bereits ein Wort gefunden, welches der Sachlage ausserordentlich gut entspricht. Ebenso wie die Amerikaner die für die Armee gelieferten Conserven als „einbalsamirt" erklärten, so möchten wir auch diese Wurst als „einbalsamirt" bezeichnen.

Seitdem ist uns diese Wurst nicht mehr in die Hände gekommen; es scheint also, als sei sie vom deutschen Publikum mit Erfolg zurückgewiesen worden. Es wird abzuwarten sein, ob die deutschen Wurstfabrikanten aus diesem Versuche diejenigen Schlussfolgerungen gezogen haben werden, welche sich eigentlich von selbst ergeben. Die Einführung dieser amerikanischen Räucherwaaren ist vorläufig gescheitert, weil ihre Qualität eine äusserst mangelhafte war. Indessen lässt sich voraussehen, dass der Versuch wiederholt werden wird. Sollten dann die amerikanischen Importeure eine brauchbare Waare zu annehmbarem Preise bieten, so würde der Erfolg um so weniger ausbleiben, wenn die einheimischen Wurstfabrikanten fortfahren, den von ihnen erzeugten Fleischwaaren eine nur mangelhafte Sorgfalt zuzuwenden.

Augenblicklich wird der amerikanische Speck nur in gesalzenem Zustande eingeführt. Es ist nur ein Schritt, ihn auch schon geräuchert einzubringen; ihm schliessen sich geräucherte Wurst und geräucherter Schinken an. Das kann natürlich auf die Production von Schweinen bei uns nicht ohne Einfluss bleiben, und Deutschland geräth mit einem weiteren Lebensbedürfniss in wirthschaftliche Abhängigkeit von Amerika. Das sind Aussichten, welche die dringendste Beachtung seitens der Viehzüchter und Fleischwaarenfabrikanten erfordern.

Milch.

Im Ganzen wurden während des Berichtsjahres 472 Proben von Milch (einschliesslich Rahm) untersucht. Diese vertheilen sich wie folgt:

A. Im Auftrage des Königl. Polizei-Präsidiums wurden eingeliefert:

		(1897/98)
Vollmilch	313	(426)
Abgerahmte Mich	29	(42)
	342	

Von den eingelieferten Proben wurden beanstandet: 9 Proben Vollmilch und 3 Proben abgerahmte Milch.

B. Im Auftrage von Gerichten und anderen Behörden ging während des Berichtsjahres eine Milchprobe überhaupt nicht ein.

C. Von den dem Magistrat unterstellten Verwaltungen wurden 120 Milchproben (gegen 113 im Vorjahre) eingeliefert. In dieser Zahl sind einbegriffen die durch die Armendirektion beantragten Untersuchungen.

D. Von Privaten wurde in 10 Fällen die Untersuchung von Milch beantragt. Diese Fälle waren zum Theil schon bei der Sinnenprüfung verdächtig, zum Theil handelte es sich um die Beantwortung bestimmter Fragen.

Wir geben zunächst eine Zusammenstellung derjenigen Milchproben, welche im Auftrage der städtischen Behörden eingeliefert worden sind.

Zusammenstellung der im Auftrage des Magistrats untersuchten Milchproben.

Geschäfts-zeichen U. A.	Datum	Specifisch. Gewicht bei 15° C.	Fett in Proc.		Geschäfts-zeichen U. A.	Datum	Specifisch. Gewicht bei 15° C.	Fett in Proc.	
Hospital zu Allerheiligen.					1395/98	6. 7. 98	1,0300	4,30	Morgenmilch.
					= =	= = =	1,0816	3,75	Mittagmilch.
					= =	= = =	1,0320	4,85	Abendmilch.
724/98	14. 4. 98	1,0308	4,20	Morgenmilch.	1660 =	2. 8. =	1,0319	3,10	Morgenmilch.
= =	= = =	1,0313	3,30	Mittagmilch.	= =	= = =	1,0310	3,60	Mittagmilch.
= =	= = =	1,0313	3,65	Abendmilch.	= =	= = =	1,0312	4,00	Abendmilch.
882 =	5. 5. =	1,0313	3,10	Morgenmilch.	2029 =	7. 9. =	1,0311	3,70	Morgenmilch.
= =	= = =	1,0317	3,05	Mittagmilch.	= =	= = =	1,0318	3,20	Mittagmilch.
= =	= = =	1,0315	3,00	Abendmilch.	= =	= = =	1,0310	4,30	Abendmilch.
1117 =	3. 6. =	1,0317	3,20	Morgenmilch.	2319 =	3. 10. =	1,0321	3,65	Morgenmilch.
= =	= = =	1,0310	3,20	Mittagmilch.	= =	= = =	1,0317	4,20	Mittagmilch.
= =	= = =	1,0310	3,30	Abendmilch.	= =	= = =	1,0316	4,25	Abendmilch.

Geschäfts-zeichen U. A.	Datum	Specifisch. Gewicht bei 15°C.	Fett in Proc.	
2865/98	1. 11. 98	1,0322	3,95	Morgenmilch.
= =	= = =	1,0330	3,75	Mittagmilch.
= =	= = =	1,0326	3,65	Abendmilch.
3161 =	10. 12. =	1,0322	3,50	Morgenmilch.
= =	= = =	1,0318	3,10	Mittagmilch.
= =	= = =	1,0320	3,55	Abendmilch.
51/99	7. 1. 99	1,0306	4,10	Morgenmilch.
= =	= = =	1,0299	3,20	Mittagmilch.
= =	= = =	1,0305	2,70	Abendmilch.
241 =	6. 2. =	1,0308	6,20	Morgenmilch.
= =	= = =	1,0319	3,45	Mittagmilch.
= =	= = =	1,0322	3,30	Abendmilch.
422 =	2. 3. =	1,0294	5,50	Morgenmilch.
= =	= = =	1,0320	3,50	Mittagmilch.
= =	= = =	1,0309	3,20	Abendmilch.

Armenhaus.

Geschäfts-zeichen U. A.	Datum	Specifisch. Gewicht bei 15°C.	Fett in Proc.
717/98	13. 4. 98	1,0320	3,00
1335 =	4. 7. =	1,0308	4,05
2473 =	5. 10. =	1,0308	4,20
43/99	6. 1. 99	1,0322	4,15

Claassen'sches Siechenhaus.

Geschäfts-zeichen U. A.	Datum	Specifisch. Gewicht bei 15°C.	Fett in Proc.	
678/98	6. 4. 98	1,0314	3,75	
895 =	7. 5. =	1,0315	3,60	
1107 =	2. 6. =	1,0329	2,60	Verwarnt.
1388 =	5. 7. =	1,0309	4,25	
1658 =	2. 8. =	1,0319	3,35	
1993 =	3. 9. =	1,0330	3,10	
2309 =	3. 10. =	1,0319	3,85	
2873 =	2. 11. =	1,0323	3,70	
3127 =	3. 12. =	1,0320	3,45	
10/99	3. 1. 99	1,0321	4,40	
236 =	6. 2. =	1,0310	3,45	
455 =	4. 3. =	1,0319	3,80	

Städtisches Irrenhaus.

Geschäfts-zeichen U. A.	Datum	Specifisch. Gewicht bei 15°C.	Fett in Proc.
681/98	6. 4. 98	1,0318	2,90
885 =	6. 5. =	1,0316	2,95

Geschäfts-zeichen U. A.	Datum	Specifisch. Gewicht bei 15°C.	Fett in Proc.	
1109/98	2. 6. 98	1,0313	3,10	
1336 =	4. 7, =	1,0318	3,30	
1605 =	1. 8. =	1,0316	3,00	
1999 =	3. 9. =	1,0314	3,20	
2320 =	3. 10. =	1,0321	3,30	
2863 =	1. 11. =	1,0323	4,10	
3104 =	1. 12. =	1,0313	3,25	
12/99	3. 1. 99	1,0321	1,95	Entrahmt.
221 =	2. 2. =	1,0311	3,20	Morgenmilch.
= =	= = =	1,0319	3,15	Mittagmilch.
= =	= = =	1,0318	3,40	Abendmilch.
457 =	4. 3. =	1,0310	3,20	

Genesungshaus zu Weidenhof.

Geschäfts-zeichen U. A.	Datum	Specifisch. Gewicht bei 15°C.	Fett in Proc.	
719/98	13. 4. 98	1,0315	1,54	Entrahmt.
854 =	29. 4. =	1,0308	4,70	
970 =	10. 5. =	1,0295	4,50	
1174 =	10. 6. =	1,0305	3,40	
1420 =	12. 7. =	1,0312	2,90	
1758 =	5. 8. =	1,0296	3,25	
2021 =	7. 9. =	1,0318	3,00	
2860 =	1. 11. =	1,0309	5,65	
2947 =	8. 11. =	1,0312	4,20	
59/99	9. 1. 99	1,0313	3,80	

Wenzel-Hancke'sches Krankenhaus.

Geschäfts-zeichen U. A.	Datum	Specifisch. Gewicht bei 15°C.	Fett in Proc.
688/98	7. 4. 98	1,0307	3,15
894 =	7. 5. =	1,0310	3,20
1116 =	3. 6. =	1,0316	3,15
1386 =	5. 7. =	1,0312	3,95
1662 =	2. 8. =	1,0308	4,05
1997 =	3. 9. =	1,0325	4,40
2471 =	4. 10. =	1,0314	4,40
2872 =	2. 11. =	1,0266	8,80
3121 =	2. 12. =	1,0317	4,10
37/99	4. 1. 99	1,0321	3,70
266 =	3. 2. =	1,0306	4,80
437 =	3. 3. =	1,0319	3,40

Die Zusammenstellung zeigt, dass die in den Breslauer städtischen Anstalten verbrauchte Milch mit verschwindenden Ausnahmen zu der besten gehört, welche überhaupt producirt wird; sie zeigt aber ferner, welche Beschaffenheit auch die Breslauer Markt-milch haben könnte, wenn es gelingen würde, alle unredlichen Manipulationen völlig zu unterdrücken.

Ein nicht uninteressantes Ergebniss lieferte die Untersuchung der durch die Armendirektion eingelieferten Milchproben. Diese Verwaltung hatte im Vorjahre angeordnet, dass die den Pfleglingen übergebene Milch untersucht werden solle, damit sie in die Lage versetzt werde, die reellen Milchhändler der einzelnen Bezirke kennen zu lernen. Diese Massregel hat sich auch im Berichtsjahre als nicht überflüssig erwiesen.

Die von der Armendirektion übergebenen Milchproben
nach dem Fettgehalt geordnet.

Geschäfts-zeichen U. A.	Datum	Specifisch. Gewicht bei 15° C.	Fett in Proc.	Geschäfts-zeichen U. A.	Datum	Specifisch. Gewicht bei 15° C.	Fett in Proc.
1398/98	7. 7. 98	1,0333	1,65	1457/98	14. 7. 98	1,0313	3,25
758 »	16. 4. »	1,0330	2,10	644 »	2. 4. »	1,0325	3,30
642 »	2. 4. »	1,0336	2,25	1470 »	15. 7. »	1,0309	3,30
643 »	2. 4. »	1,0334	2,55	240/99	6. 2. 99	1,0325	3,30
1303 »	28. 6. »	1,0317	2,70	1425/98	12. 7. 98	1,0309	3,35
1274 »	24. 6. »	1,0307	2,80	1533 »	27. 7. »	1,0311	3,35
647 »	4. 4. »	1,0314	2,85	80/99	11. 1. 99	1,0327	3,40
4/99	2. 1. 99	1,0305	2,85	3204/98	16. 12. 98	1,0321	3,45
1311/98	29. 6. 98	1,0315	2,90	3230 »	19. 12. »	1,0320	3,50
641 »	2. 4. »	1,0312	2,95	139/99	18. 1. 99	1,0328	3,50
1305 »	28. 6. »	0,0315	3,00	506 »	11. 3. »	1,0327	3,70
1399 »	7. 7. »	0,0312	3,00	684/98	6. 4. 98	1,0315	4,00
1410 »	9. 7. »	1,0317	3,00	1516 »	25. 7. »	1,0319	4,40
1308 »	28. 6. »	1,0326	3,05	1280 »	27. 6. »	1,0307	4,75
1391 »	5. 7. »	1,0310	3,10	714 »	13. 4. »	—*)	6,90
1304 »	28. 6. »	1,0315	3,15				

Während nämlich im Vorjahre von den entsprechenden Milchproben nicht weniger als 24% einen Fettgehalt von weniger als 2,8% aufwiesen, trifft dies im Berichtsjahre immer noch für 16% zu. Ausserdem aber finden sich unter diesen Proben auch einige, welche sehr stark gewässert waren. Diese sind in einer späteren Zusammenstellung aufgenommen und können dort unter der betreffenden Geschäftsnummer aufgefunden werden. S. S. 26.

Wir lassen nunmehr die im Auftrage des Königl. Polizei-Präsidiums untersuchten Milchproben folgen.

Durch das Königl. Polizei-Präsidium eingelieferte Milchproben, bei welchen die vorläufigen Bestimmungen zu einer Beanstandung nicht führten.

Nach dem Fettgehalt geordnet.

Laufende Nummer	Geschäfts-zeichen U. A.	Datum	Spec. Gewicht bei 15° C.	Fett-gehalt in Procenten	Laufende Nummer	Geschäfts-zeichen U. A.	Datum	Spec. Gewicht bei 15° C.	Fett-gehalt in Procenten
		1898.			12	2827/98	25. 10. 98	1,0306	2,70
					13	3208 »	16. 12. »	1,0291	2,70
1	1519/98	25. 7. 98	1,0330	2,40	14	3225 »	19. 12. »	1,0314	2,70
2	734 »	16. 4. »	1,0322	2,50	15	591 »	26. 3. »	1,0322	2,75
3	1010 »	13. 5. »	1,0326	2,50	16	608 »	29. 3. »	1,0322	2,75
4	1495 »	19. 7. »	1,0316	2,55	17	1083 »	26. 5. »	1,0306	2,75
5	815 »	23. 4. »	1,0336	2,60	18	2839 »	26. 10. »	1,0289	2,75
6	1011 »	13. 5. »	1,0324	2,60	19	2990 »	14. 11. »	1,0343	2,75
7	1291 »	28. 6. »	1,0340	2,60	20	3075 »	26. 11. »	1,0326	2,75
8	2850 »	31. 10. »	1,0346	2,65	21	3251 »	21. 12. »	1,0314	2,75
9	713 »	13. 4. »	1,0323	2,70	22	618 »	30. 3. »	1,0316	2,80
10	992 »	12. 5. »	1,0306	2,70	23	765 »	18. 4. »	1,0330	2,80
11	1080 »	26. 5. »	1,0312	2,70	24	991 »	12. 5. »	1,0291	2,80

*) Geronnen.

Laufende Nummer	Geschäftszeichen U. A.	Datum	Spec. Gewicht bei 15°C.	Fettgehalt in Procenten	Laufende Nummer	Geschäftszeichen U. A.	Datum	Spec. Gewicht bei 15°C.	Fettgehalt in Procenten
25	1044/98	17. 5. 98	1,0290	2,80	85	1286/98	28. 6. 98	1,0322	3,20
26	1185 =	13. 6. =	1,0317	2,80	86	1983 =	1. 9. =	1,0317	3,20
27	1283 =	28. 6. =	1,0311	2,80	87	2177 =	21. 9. =	1,0320	3,20
28	1288 =	28. 6. =	1,0310	2,80	88	2595 =	13. 10. =	1,0318	3,20
29	1548 =	28. 7. =	1,0319	2,80	89	2731 =	21. 10. =	1,0326	3,20
30	1976 =	30. 8. =	1,0311	2,80	90	749 =	16. 4. =	1,0313	3.25
31	946 =	9. 5. =	1,0316	2,85	91	2111 =	19. 9. =	1,0314	3,25
32	1079 =	26. 5. =	1,0311	2,85	92	750 =	16. 4. =	1,0307	3,30
33	3207 =	16.12. =	1,0317	2,85	93	838 =	27. 4. =	1,0317	3,30
34	609 =	29. 3. =	1,0316	2,90	94	1119 =	3. 6. =	1,0314	3,30
35	732 =	15. 4. =	1,0306	2,90	95	1217 =	15. 6. =	1,0328	3,30
36	753 =	16. 4. =	1,0316	2,90	96	1417 =	12. 7. =	1,0311	3,30
37	790 =	20. 4. =	1,0306	2,90	97	1428 =	13. 7. =	1,0307	3,30
38	797 =	21. 4. =	1,0340	2,90	98	1429 =	13. 7. =	1,0298	3,30
39	826 =	26. 4. =	1,0315	2,90	99	1775 =	9. 8. =	1,0317	3,30
40	947 =	9. 5. =	1,0303	2,90	100	1857 =	16. 8. =	1,0302	3,30
41	1009 =	13. 5. =	1,0320	2,90	101	1890 =	20. 8. =	1,0313	3,30
42	1851 =	15. 8. =	1,0310	2,90	102	2112 =	19. 9. =	1,0318	3,30
43	2062 =	12. 7. =	1,0324	2,90	103	2937 =	8. 11. =	1,0337	3,30
44	2572 =	12. 10. =	1,0338	2,90	104	2940 =	8. 11. =	1,0329	3,30
45	2581 =	13. 10. =	1,0338	2,90	105	3028 =	19. 11. =	1,0332	3,30
46	3215 =	17. 12. =	1,0324	2,90	106	3113 =	2. 12. =	1,0321	3,30
47	1284 =	28. 6. =	1,0302	2,95	107	3214 =	17. 12. =	1,0325	3,30
48	1105 =	2. 6. =	1,0328	3,00	108	1127 =	3. 6. =	1,0290	3,35
49	1112 =	3. 6. =	1,0336	3,00	109	1499 =	20. 7. =	1,0317	3,35
50	1327 =	4. 7. =	1,0321	3,00	110	2094 =	16. 9. =	1,0304	3,35
51	1416 =	12. 7. =	1,0312	3,00	111	2969 =	12. 11. =	1,0322	3,35
52	1427 =	13. 7. =	1,0303	3,00	112	2991 =	14. 11. =	1,0292	3,35
53	1705 =	3. 8. =	1,0305	3,00	113	840 =	27. 4. =	1,0317	3,40
54	1781 =	9. 8. =	1,0316	3,00	114	1850 =	15. 8. =	1,0298	3,40
55	2013 =	6. 9. =	1,0313	3,00	115	1945 =	25. 8. =	1,0302	3,40
56	2028 =	8. 9. =	1,0316	3,00	116	2110 =	19. 9. =	1,0321	3,40
57	2573 =	12. 10. =	1,0326	3,00	117	2938 =	8. 11. =	1,0327	3,40
58	3052 =	23. 11. =	1,0333	3,00	118	2989 =	14. 11. =	1,0325	3,40
59	711 =	13. 4. =	1,0301	3,05	119	3077 =	26. 11. =	1,0321	3,40
60	752 =	16. 4. =	1,0322	3,05	120	780 =	19. 4. =	1,0337	3,45
61	781 =	19. 4. =	1,0310	3,05	121	1189 =	13. 6. =	1,0301	3,45
62	1462 =	15. 7. =	1,0319	3,05	122	1218 =	15. 6. =	1,0290	3,45
63	615 =	30. 3. =	1,0345	3,10	123	1312 =	30. 6. =	1,0311	3,45
64	782 =	19. 4. =	1,0321	3,10	124	1463 =	15. 7. =	1,0311	3,45
65	791 =	20. 4. =	1,0321	3,10	125	1784 =	10. 8. =	1,0294	3,45
66	839 =	27. 4. =	1,0297	3,10	126	2666 =	17. 10. =	1,0313	3,45
67	893 =	7. 5. =	1,0306	3,10	127	2882 =	4. 11. =	1,0321	3,45
68	981 =	12. 5. =	1,0335	3,10	128	1114 =	3. 6. =	1,0312	3,50
69	1025 =	16. 5. =	1,0311	3,10	129	1431 =	13. 7. =	1,0310	3,50
70	1206 =	14. 6. =	1,0314	3,10	130	1878 =	18. 8. =	1,0292	3,50
71	1430 =	13. 7. =	1,0304	3,10	131	2046 =	10. 9. =	1,0315	3,50
72	1875 =	17. 8. =	1,0322	3,10	132	2176 =	21. 9. =	1,0311	3,50
73	1891 =	20. 8. =	1,0303	3,10	133	2594 =	13. 10. =	1,0321	3,50
74	1118 =	3. 6. =	1,0315	3,15	134	3029 =	19. 11. =	1,0289	3,50
75	1219 =	15. 6. =	1,0342	3,15	135	3031 =	19. 11. =	1,0328	3,50
76	1783 =	10. 8. =	1,0316	3,15	136	3186 =	13. 12. =	1,0327	3,50
77	1842 =	13. 8. =	1,0317	3,15	137	2931 =	7. 11. =	1,0334	3,55
78	2956 =	10. 11. =	1,0334	3,15	138	2988 =	14. 11. =	1,0332	3,55
79	3008 =	15. 11. =	1,0339	3,15	139	3187 =	13. 12. =	1,0324	3,55
80	3086 =	30. 11. =	1,0328	3,15	140	583 =	25. 3. =	1,0326	3,60
81	699 =	12. 4. =	1,0315	3,20	141	975 =	11. 5. =	1,0315	3,60
82	708 =	12. 4. =	1,0320	3,20	142	1144 =	4. 6. =	1,0317	3,60
83	1032 =	16. 5. =	1,0320	3,20	143	1198 =	14. 6. =	1,0310	3,60
84	1143 =	4. 6. =	1,0324	3,20	144	1464 =	15. 7. =	1,0307	3,60

Laufende Nummer	Geschäftszeichen U. A.	Datum	Spec. Gewicht bei 15º C.	Fettgehalt in Procenten	Laufende Nummer	Geschäftszeichen U. A.	Datum	Spec. Gewicht bei 15º C.	Fettgehalt in Procenten
145	1547/98	28. 7. 98	1,0321	3,60	205	735/98	16. 4. 98	1,0315	4,40
146	1858 =	16. 8. =	1,0305	3,60	206	1082 =	26. 5. =	1,0311	4,40
147	1869 =	17. 8. =	1,0302	3,60	207	1026 =	16. 5. =	1,0332	4,50
148	1881 =	18. 8. =	1,0290	3,60	208	1104 =	2. 6. =	1,0308	4,50
149	2113 =	19. 9. =	1,0316	3,60	209	1289 =	28. 6. =	1,0288	4,60
150	3022 =	18. 11. =	1,0327	3,60	210	2037 =	10. 9. =	1,0298	4,60
151	2883 =	4. 11. =	1,0317	3,65	211	1755 =	5. 8. =	1,0298	4,65
152	3171 =	12. 12. =	1 0327	3,65	212	2109 =	19. 9. =	1,0311	4,65
153	592 =	26. 3. =	1,0335	3,70	213	1545 =	28. 7. =	1,0317	4,70
154	764 =	18. 4. =	1,0307	3,70	214	2060 =	12. 7. =	1,0297	4,70
155	841 =	27. 4. =	1,0333	3,70	215	1461 =	15. 7. =	1,0317	4,80
156	1029 =	16. 5. =	1,0333	3,70	216	1030 =	16. 5. =	1,0281	4,90
157	1442 =	13. 7. =	1,0284	3,70	217	2027 =	8. 7. =	1,0294	5,00
158	1868 =	17. 8. =	1 0304	3,70	218	2061 =	12. 7. =	1,0301	5,00
159	1975 =	30. 8. =	1,0316	3,70	219	1706 =	3. 8. =	1,0306	5,10
160	2535 =	11. 10. =	1,0327	3,70	220	1896 =	22. 8. =	1,0294	5,20
161	3023 =	18. 11. =	1,0319	3,70	221	2480 =	6. 10. =	1,0304	5,30
162	3169 =	12. 12. =	1,0319	3,70	222	3170 =	12. 12. =	1,0321	5,55
163	1489 =	18. 7. =	1,0323	3,75	223	2577 =	13. 10. =	1,0304	5,60
164	1517 =	25. 7. =	1,0319	3,75	224	652 =	4. 4. =	1,0285	5,80
165	1518 =	25. 7. =	1,0311	3,75	225	1432 =	13. 7. =	1,0289	6,05
166	1774 =	9. 8. =	1,0324	3,80	226	2953 =	9. 11. =	1,0288	6,20
167	2019 =	7. 9. =	1,0326	3,80	227	2957 =	10. 11. =	1,0285	6,30
168	2607 =	15. 10. =	1,0329	3,80	228	651 =	4. 4. =	1,0288	7.25
169	2828 =	25. 10. =	1,0301	3,80	229	1496 =	19. 7. =	1,0309	7,25
170	2849 =	31. 10. =	1,0332	3,80	230	2870 =	2. 11. =	1,0283	8,70
171	2093 =	16. 9. =	1,0314	3,85	231	2052 =	12. 7. =	1,0313	9,30
172	948 =	9. 5. =	1,0309	3,90	232	3172 =	12. 12. =	1,0268	9,75
173	1776 =	9. 8. =	1.0306	3,90	233	3172 =	12. 12. =	1,0268	9,75
174	2667 =	17. 10. =	1,0307	3,90	234	1433 =	13. 7. =	1,0243	11,20
175	3007 =	15. 11. =	1,0321	3,90					
176	3196 =	15. 12. =	1,0311	3,90					
177	3209 =	16. 12. =	1,0306	3,90			**1899.**		
178	1190 =	13. 6. =	1,0319	3,95					
179	584 =	25. 3. =	1 0311	4.00	235	289/99	14. 2. 99	1,0332	2,40
180	1290 =	28. 6. =	1,0306	4,00	236	446 =	4. 3. =	1,0325	2,40
181	1544 =	28. 7. =	1,0306	4,00	237	477 =	8. 3. =	1,0314	2,40
182	1877 =	18. 8. =	1,0287	4,00	238	39 =	5. 1. =	1,0338	2,50
183	2503 =	10. 10. =	1,0328	4,05	239	546 =	16. 3. =	1,0335	2,50
184	2606 =	15. 10. =	1,0329	4,05	240	314 =	16. 2. =	1,0332	2,55
185	2930 =	7. 11. =	1,0320	4,05	241	392 =	27. 2. =	1,0300	2,55
186	2941 =	8. 11. =	1,0327	4,05	242	470 =	7. 3. =	1,0346	2,60
187	3144 =	7. 12. =	1,0326	4,05	243	561 =	18. 3. =	1,0320	2,75
188	1113 =	3. 6. =	1,0317	4,10	244	50 =	7. 1. =	1,0306	2,80
189	1996 =	3. 9. =	1,0315	4,10	245	58 =	9. 1. =	1,0345	2,80
190	2608 =	15. 10. =	1,0337	4,10	246	178 =	24. 1. =	1,0321	2,80
191	2968 =	12. 11. =	1,0307	4,10	247	583 =	25. 3. =	1,0332	2,80
192	3002 =	14. 11. =	1,0322	4,10	248	122 =	17. 1. =	1,0307	2,85
193	3032 =	19. 11. =	1,0335	4,10	249	184 =	25. 1. =	1,0332	2,85
194	700 =	12. 4. =	1,0316	4,15	250	447 =	4. 3. =	1,0320	2,85
195	1199 =	14. 6. =	1,0316	4,15	251	190 =	26. 1. =	1,0313	2,90
196	1498 =	20. 7. =	1,0320	4,15	252	471 =	7. 3. =	1,0307	2,90
197	1490 =	18. 7. =	1,0312	4,25	253	118 =	17. 1. =	1,0302	3,00
198	2884 =	4. 11. =	1,0320	4,25	254	341 =	20. 2. =	1,0322	3,00
199	731 =	15. 4. =	1,0308	4,30	255	533 =	14. 3. =	1,0324	3,00
200	2063 =	12. 7. =	1,0312	4,30	256	554 =	17. 3 =	1,0329	3,00
201	2578 =	13. 10. =	1,0316	4,30	257	26 =	4. 1. =	1,0321	3,10
202	2955 =	10. 11. =	1.0331	4,30	258	103 =	14. 1. =	1,0308	3,10
203	3016 =	17. 11. =	1,0318	4,30	259	185 =	25. 1. =	1,0317	3,10
204	1285 =	28. 6. =	1,0288	4,35	260	291 =	14. 2. =	1,0325	3,10

Laufende Nummer	Geschäfts-zeichen U. A.	Datum	Spec. Gewicht bei 15° C.	Fett-gehalt in Procenten	Laufende Nummer	Geschäfts-zeichen U. A.	Datum	Spec. Gewicht bei 15° C.	Fett-gehalt in Procenten
261	292/99	14. 2. 99	1,0323	3,10	287	430/99	2. 3. 99	1,0327	3,70
262	137 =	18. 1. =	1,0325	3,15	288	407 =	1. 3. =	1,0330	3,85
263	212 =	30. 1. =	1,0324	3,15	289	49 =	7. 1. =	1,0327	3,95
264	315 =	16. 2. =	1,0324	3,20	290	121 =	17. 1. =	1,0323	3,95
265	509 =	11. 3. =	1,0310	3,20	291	211 =	30. 1. =	1,0329	4,00
266	526 =	14. 3. =	1,0297	3,20	292	431 =	2. 3. =	1,0305	4,00
267	532 =	14. 3. =	1,0322	3,20	293	461 =	6. 3. =	1,0296	4,00
268	119 =	17. 1. =	1,0324	3,30	294	177 =	24. 1. =	1,0311	4,20
269	259 =	11. 2. =	1,0326	3,30	295	338 =	20. 2. =	1,0326	4,20
270	339 =	20. 2. =	1,0320	3,40	296	478 =	8. 3. =	1,0319	4,25
271	364 =	23. 2. =	1,0314	3,40	297	500 =	10. 3. =	1,0322	4,30
272	406 =	1. 3. =	1,0313	3,40	298	142 =	19. 1. =	1,0305	4,40
273	141 =	19. 1. =	1,0317	3,45	299	342 =	20. 2. =	1,0340	4,45
274	93 =	13. 1. =	1,0317	3,50	300	290 =	14. 2. =	1,0315	4,50
275	306 =	15. 2. =	1,0321	3,50	301	479 =	8. 3. =	1,0314	4,70
276	389 =	25. 2. =	1,0327	3,50	302	487 =	9. 3. =	1,0344	4,70
277	560 =	18. 3. =	1,0314	3,50	303	116 =	17. 1. =	1,0303	4,90
278	603 =	28. 3. =	1,0314	3,50	304	210 =	30. 1. =	1,0303	5,00
279	136 =	18. 1. =	1,0325	3,60	305	499 =	10. 3. =	1,0342	5,00
280	480 =	8. 3. =	1,0339	3,60	306	320 =	16. 2. =	1,0332	5,20
281	508 =	11. 3. =	1,0339	3,60	307	340 =	20. 2. =	1,0313	5,35
282	524 =	14. 3. =	1,0324	3,60	308	432 =	2. 3. =	1,0322	5,90
283	601 =	28. 3. =	1,0334	3,60	309	488 =	9. 3. =	1,0326	6,10
284	109 =	16. 1. =	1,0308	3,65	310	614 =	30. 3. =	1,0274	6,25
285	40 =	5. 1. =	1,0322	3,70	311	108 =	16. 1. =	1,0276	7,40
286	92 =	13. 1. =	1,0321	3,70					

Die vorstehende Zusammenstellung umfasst 311 Milchproben. Diese vertheilen sich nach dem Fettgehalte wie folgt:

1897/98

8 Proben Milch von	2,40— 2,50	Fettgehalt	=	2,6 Proc.	⎱		
7 = = =	2,55— 2,60	=	=	2,2 =	⎬	4,8
1 = = =	2,60— 2,65	=	=	0,3 =	⎰	
14 = = =	2,70— 2,75	=	=	4,5 =		3,6
19 = = =	2,80— 2,85	=	=	6,1 =		4,3
16 = = =	2,90— 2,95	=	=	5,1 =		7,5
176 = = =	3,00— 4,00	=	=	56,6 =		62,9
48 = = =	4,05— 5,00	=	=	15,4 =		10,5
9 = = =	5,05— 6,00	=	=	3,0 =		2,4
13 = = =	6,05 —11,2	=	=	4,2 =		4,0

311

Demnach haben die Breslauer Verhältnisse, soweit sie den öffentlichen Verkehr mit Marktmilch betreffen, gegen das Vorjahr eine Aenderung kaum erfahren.

Wir lassen nunmehr in diesem Jahre aus besonderen Gründen auch die Ergebnisse der Untersuchung von abgerahmter Milch folgen.

Milchproben, welche von dem Königl. Polizei-Präsidium als „abgerahmt" eingeliefert und nicht beanstandet wurden.

Laufende Nummer	Geschäftszeichen U. A.	Datum	Spec. Gewicht bei 15°C.	Fettgehalt in Procenten	Laufende Nummer	Geschäftszeichen U. A.	Datum	Spec. Gewicht bei 15°C.	Fettgehalt in Procenten
		1898.			16	3252/98	21. 12. 98	1,0354	1,15
					17	2677 ⸗	19. 10. ⸗	1,0366	1,20
1	2479/98	6. 10. 98	1,0348	0,20	18	842 ⸗	27. 4. ⸗	1,0348	1,30
2	1012 ⸗	13. 5. ⸗	1,0339	0,30	19	1756 ⸗	5. 8. ⸗	1,0331	1,60
3	607 ⸗	29. 3. ⸗	1,0344	0,40	20	1977 ⸗	30. 8. ⸗	1,0319	1,80
4	1208 ⸗	14. 6. ⸗	1,0328	0,40	21	2178 ⸗	21. 9. ⸗	1,0342	2,40
5	1081 ⸗	26. 5. ⸗	1,0333	0,60					
6	2992 ⸗	14. 11. ⸗	1,0341	0,60					
7	1549 ⸗	28. 7. ⸗	1,0342	0,65			**1899.**		
8	653 ⸗	4. 4. ⸗	1,0360	0,75					
9	3076 ⸗	26. 11. ⸗	1,0350	0,80	22	28/99	4. 1. 99	1,0350	0,20
10	2038 ⸗	10. 7. ⸗	1,0328	0,90	23	295 ⸗	14. 2. ⸗	1,0341	0,20
11	582 ⸗	25. 3. ⸗	1,0323	0,95	24	390 ⸗	27. 2. ⸗	1,0360	0,25
12	751 ⸗	16. 4. ⸗	1,0343	1,00	25	191 ⸗	26. 1. ⸗	1,0351	0,40
13	1287 ⸗	28. 6. ⸗	1,0328	1,10	26	120 ⸗	17. 1. ⸗	1,0366	0,50
14	1884 ⸗	19. 8. ⸗	1,0314	1,10	27	462 ⸗	6. 3. ⸗	1,0357	0,80
15	3112 ⸗	2. 12. ⸗	1,0351	1,15	28	296 ⸗	14. 2. ⸗	1,0346	1,10

Milchproben, welche einer näheren Untersuchung unterzogen wurden.

Als Vollmilch eingelieferte Proben.

Geschäftszeichen U. A.	Datum	Auftraggeber	Spec. Gewicht bei 15°C.	Trockenrückstand in Procenten	Fett in Procenten, Gewicht analytisch	Fett in Procenten, nach Gerber	Asche in Procenten	Spec. Gewicht des Serums bei 15°C.	Bemerkungen
616/98	31. 3. 98	Pol.-Pr.	1,0320	10,75	2,28	2,45	0,68	1,0272	Zum Theil entrahmt.
642 ⸗	2. 4. ⸗	Magist.	1,0336	11,11	2,23	2,35	0,76	1,0283	desgl.
643 ⸗	2. 4. ⸗	⸗	1,0334	11,21	2,55	—	0,74	1,0271	desgl.
719 ⸗	13. 4. ⸗	⸗	1,0315	9,96	1,54	1,58	0,78	1,0265	Stark entrahmt.
755 ⸗	16. 4. ⸗	Pol.-Pr.	1,0329	10,76	2,05	2,15	0,71	1,0271	Theilweise entrahmt.
758 ⸗	16. 4. ⸗	Magist.	1,0330	10,82	2,09	2,15	0,70	1,0274	desgl.
779 ⸗	19. 4. ⸗	Pol.-Pr.	1,0271	10,54	3,09	3,10	0,67	1,0246	Zusatz von 10 Proc. Wasser.
807 ⸗	22. 4. ⸗	⸗	1,0250	9,53	2,63	2,80	0,61	1,0220	Zusatz von 18 Proc. Wasser.
883 ⸗	6. 5. ⸗	Priv.-P.	1,0177	6,58	1,64	1,70	0,42	1,0148	Zusatz von 45 Proc. Wasser.
1053 ⸗	19. 4. ⸗	Pol.-Pr.	1,0271	10,54	3,09	—	0,67	1,0246	Zusatz von 10 Proc. Wasser.
1068 ⸗	24. 5. ⸗	⸗	1,0222	7,84	1,83	1,85	0,54	1,0188	Zusatz von 30 Proc. Wasser.
1084 ⸗	26. 5. ⸗	⸗	1,0270	10,35	2,88	2,95	0,68	1,0242	Zusatz von 11 Proc. Wasser.
1207 ⸗	14. 6. ⸗	⸗	1,0330	10,31	1,59	—	0,75	1,0274	Theilweise entrahmt.
1398 ⸗	7. 7. ⸗	Magist.	1,0333	9,58	1,65	1,75	0,69	1,0275	desgl.
1880 ⸗	18. 8. ⸗	Priv.-P.	—	12,72	4,90	—	0,63	—	—
1880 ⸗	18. 8. ⸗	⸗	—	11,49	3,90	—	0,63	—	—
1880 ⸗	18. 8. ⸗	⸗	—	13,86	6,80	—	0,61	—	—
2668 ⸗	17. 10. ⸗	Pol.-Pr.	1,0316	8,95	0,79	0,80	—	1,0253	Zusatz von 7 Proc. Wasser.
12/99	3. 1. 99	Magist.	1,0321	10,32	1,91	1,95	0,71	1,0264	Zum Theil entrahmt.
391 ⸗	27. 2. ⸗	Pol.-Pr.	1,0253	10,63	3,61	4,20	0,60	1,0234	Zusatz von 13 Proc. Wasser.
525 ⸗	14. 3. ⸗	⸗	1,0284	10,68	2,81	2,83	0,63	1,0238	Zusatz von 12 Proc. Wasser.
537 ⸗	14. 3. ⸗	Priv.-P.	1,0229	—	—	2,00	—	1,0180	67 Th. Milch, 33 Th. Wasser.
555 ⸗	17. 3. ⸗	Pol.-Pr.	1,0329	10,53	1,85	1,85	0,70	1,0275	Theilweise entrahmt.

Geschäfts-zeichen U. A.	Datum	Auf-trag-geber	Spec. Gewicht bei 15° C.	Trocken-rückstand in Procenten	Fett in Procenten		Asche in Procenten	Spec. Gewicht des Serums bei 15° C.	Bemerkungen
					Gewicht analytisch	nach Gerber			
			Als abgerahmt eingelieferte Milchproben.						
593/99	26. 3. 99	Pol.-Pr.	1,0309	8,39	0,63	0,65	0,64	1,0246	90 Th. Milch, 10 Th. Wasser.
1278/98	27. 6. 98	=	1,0316	9,41	1,36	1,40	0,68	1,0252	Zusatz von 7 Proc. Wasser.
1328 =	4. 7. =	=	1,0312	9,17	0,75	0,80	0,69	1,0256	
2676 =	19. 10. -	=	1,0292	8,58	1,23	1,30	0,61	1,0259	
271/99	11. 2. 99	Priv.-P.	1,0295	6,72	0,95	—	—	1,0185	70 Th. Milch, 30 Th. Wasser.
602 =	28. 3. =	Pol.-Pr.	1,0214	6,69	1,08	1,10	0,49	1,0177	66 Th. Milch, 34 Th. Wasser.

Die Stallprobe wurde in drei Fällen herangezogen, um den Beweis einer stattgehabten Fälschung zu führen.

U. A. 755/98.

	Verdächtige Milch	Stallprobe
Spec. Gewicht bei 15° C.	1,0329	1,0329
Trockenrückstand	10,76%	12,10
Fett	2,05 =	3,10
Asche	0,71 =	0,70
Spec. Gew. des Serums bei 15° C.	1,0271	1,0282

In diesem Falle war die Ausführung der Stallprobe so zeitig möglich, dass der Einwand wegfiel, es habe in der Zwischenzeit ein Futterwechsel stattgefunden.

U. A. 1084/98.

	Verdächtige Milch	Stallprobe
Spec. Gewicht bei 15° C.	1,0270	1,0311
Trockenrückstand	10,35%	11,51
Fett	2,88 =	3,00
Asche	0,68 =	0,73
Spec. Gew. des Serums bei 15° C.	1,0242	1,0269

Die Milch war demnach ein Gemisch von etwa 9 vol. Milch und 1 vol. Wasser.

U. A. 1053/98. Bei einem hiesigen Milchhändler war eine als I bezeichnete Milch entnommen worden, welche sich als mit Wasser gemischt erwies. Der Milchhändler, welcher sonst die ihm von verschiedenen Producenten gelieferte Milch zusammengoss, controlirte nun seine Milchlieferungen und stellte den Thäter auch wirklich fest. Probe II ist die abgefasste Milch, Probe III die später ausgeführte Stallprobe.

	Probe I	Probe II	Probe III
Spec. Gewicht bei 15° C.	1,0271	1,0177	1,0317
Trockenrückstand	10,54%	6,58%	13,16%
Fett	3,09 =	1,64 =	4,27 =
Asche	0,67 =	0,42 =	0,75 =
Spec. Gewicht des Serums bei 15° C.	1,0246	1,148	1,0278

U. A. 3048,98. **Blaue Milch.** Diese Milch hatte lebhaften Schreck in einer Familie hervorgerufen. Die Mittheilung, dass die intensive Blaufärbung durch einen harmlosen Mikroorganismus bedingt werde, brachte natürlich den Betheiligten die Ruhe wieder.

Die für die Stadt Breslau in Aussicht genommene Neuregelung des Verkehrs mit Milch ist auch im Berichtsjahre noch nicht zum Abschluss gekommen.

Wir hatten für die zu schaffende Polizei-Verordnung alle diejenigen Punkte bearbeitet, für welche wir uns competent erachteten. Eine ad hoc niedergesetzte Commission verarbeitete auch in mehreren Sitzungen dieses und das andere von uns gesammelte Material. Ein Abschluss dieser Arbeiten ist aber nicht erfolgt, weil inzwischen bekannt wurde, dass von dem preussischen Staatsministerium der Erlass einer Verordnung vorbereitet werde, welche den bezüglichen lokalen Verordnungen zum Muster dienen solle.

Es erschien nicht zweckmässig, mit einer neuen Verordnung herauszukommen, bevor dieser Ministerial-Erlass veröffentlicht worden war. So erfolgte denn abermals eine Vertagung dieser wichtigen Frage. Nachdem der erwähnte Ministerial-Erlass inzwischen veröffentlicht worden ist, sind die bezüglichen Arbeiten wieder aufgenommen worden, und wir werden voraussichtlich in der Lage sein, die neue Verordnung in unserem nächsten Berichte zu veröffentlichen.

Wir machen auf diesen Stand der Milchfrage aus dem Grunde aufmerksam, weil von dritter Seite mit einem gewissen Vorwurf gegen uns auf die „traurigen Milchverhältnisse in Breslau" hingewiesen worden ist.

Butter.

Die Untersuchung von Butter beschäftigte das Amt in 434 Fällen, und zwar wurden eingeliefert:

326 Proben durch das Königl. Polizei-Präsidium

14   ,,   ,,   Gerichte und andere Behörden

73   ,,   ,,   den Magistrat der Stadt Breslau

21   ,,   ,,   Private.

Von den durch das Königl. Polizei-Präsidium eingelieferten 326 Proben wurden 28 Proben (8,6 Proc.) beanstandet, entweder weil sie zu viel Kochsalz oder Wasser enthielten, oder weil sie verdorben waren im Sinne des Nahrungsmittelgesetzes. Ausserdem wurden noch 54 Proben beanstandet, weil sie gegen die unter dem 1. Juli 1898 erlassene Polizei-Verordnung verstiessen. Nach dieser Verordnung müssen die Papier-Umhüllungen, in welchen Butter verkauft wird, die Bezeichnung „Kochbutter" oder „Tafelbutter" tragen und dürfen im Uebrigen weder bedruckt noch beschrieben sein.

Gegen diese Bestimmung, welche einerseits aus leicht begreiflichen, sanitären Gründen erlassen worden ist, andrerseits aber durch den Deklarationszwang Käufer und Verkäufer zu schützen geeignet ist, wird noch vielfach verstossen. Zwar die grossen Ladengeschäfte für Butter haben seinerzeit sofort die nöthigen Vorkehrungen getroffen; in den kleineren Verkaufsstellen fehlt es aber vielfach an vorschriftsmässigen Einwickel-papieren. Da wir die erlassenen Bestimmungen für sehr nützlich erachten, so möchten wir die Accidenzdruckereien darauf aufmerksam machen, dass das Vorräthighalten solcher Einwickelpapiere erwünscht ist.

Indessen wird noch in einer anderen Hinsicht gegen die genannte Polizei-Verordnung verstossen. Der § 5 dieser Verordnung lautet nämlich: „Wird Butter in Gefässen feilgehalten, so müssen die Kochbutter enthaltenden Gefässe mit der Aufschrift „Kochbutter" und die Tafelbutter enthaltenden Gefässe mit der Aufschrift „Tafelbutter" versehen sein. Die Aufschriften müssen in unverwischbarer, mindestens 3 Centimeter grosser, leserlicher Schrift angebracht sein, in leserlichem Zustande erhalten werden und sich an in die Augen fallender Stelle befinden." Trotzdem die angezogene Verordnung nunmehr seit fast zwei Jahren in Wirksamkeit ist, wird sie von den Verkäufern auf den Wochenmärkten fast durchweg ignorirt. Eine Abhülfe gegen diese Verstösse erscheint um so mehr erwünscht, als der Deklarationszwang bestimmt ist, gerade die Beschaffenheit der Butter auf den Wochenmärkten zu bessern.

Bezüglich der Methodik der Butteruntersuchung haben wir seit dem Vorjahre Aenderungen nicht mehr vorgenommen. Wir bestimmen zur Feststellung eines Gehaltes an fremdem Fett nur noch die Wollny'sche Zahl. Die Bestimmung der Refraktion haben wir — von besonderen Fällen abgesehen — gänzlich aufgegeben.

Wir lassen zunächst die Ergebnisse der für die kommunalen Anstalten ausgeführten Untersuchungen folgen.

Geschäfts-zeichen U. A.	Datum	Wasser in Procenten	Trockenrückstand in Procenten	Kochsalz in Procenten	Wollny's Zahl	Bemerkungen.
Kranken-Hospital zu Allerheiligen.						
725/98	14. 4. 98	12,62	87,38	0,73	26,2	Tischbutter.
= =	= = =	11,88	88,12	1,24	28,8	desgl.
1414 =	11. 7. =	11,30	88,70	0,50	27,0	desgl.
= =	= = =	12,90	87,10	0,50	27,5	desgl.
2470 =	4. 10. =	10,70	89,30	0,60	24,8	desgl.
= =	= = =	13,30	86,70	0,90	28,5	desgl.
77/99	10. 1. 99	13,80	86,20	1,80	29,2	desgl.
= =	= = =	12,50	87,50	0,90	—	desgl.
Armenhaus.						
716/98	13. 4. 98	14,97	85,03	1,00	28,9	
1392 =	5. 7. =	11,60	88,40	0,90	27,0	
2542 =	11. 10. =	9,10	90,90	0,60	24,9	
54/99	7. 1. 99	11,00	89,00	1,50	27,5	
421 =	2. 3. =	12,08	87,92	1,17	30,7	Kochbutter.
= =	= = =	16,26	83,74	0,70	29,6	desgl.
445 =	4. 3. =	9,36	90,64	1,03	27,6	desgl.
= =	= = =	10,58	89,42	1,66	25,8	Gutsbutter.
= =	= = =	12,40	87,60	1,21	28,7	Tischbutter.
454 =	= = =	10,75	89,25	1,88	29,7	desgl.
= =	= = =	11,67	88,33	3,98	29,5	Kochbutter.
Irrenhaus.						
682/98	6. 4. 98	13,3	86,7	1,4	27,6	Tischbutter.
= =	= = =	8,8	91,2	2,7	27,2	Kochbutter.
825 =	26. = =	10,9	89,1	2,4	29,3	Tischbutter.
1338 =	4. 7. =	12,9	87,1	1,4	26,6	Tischbutter.
= =	= = =	13,7	86,3	4,8	27,9	Kochbutter.
2321 =	3. 10. =	15,7	84,3	1,8	28,6	Tischbutter.
= =	= = =	12,0	88,0	1,5	27,5	Kochbutter.
14/99	3. 1. 99	13,6	86,4	1,6	29,0	Tischbutter.
= =	= = =	14,1	85,9	2,1	25,7	Kochbutter.

Geschäfts-zeichen U. A.	Datum	Wasser in Procenten	Trocken-rückstand in Procenten	Kochsalz in Procenten	Wollny's Zahl	Bemerkungen.

Claassen'sches Siechenhaus.

Geschäfts-zeichen U. A.	Datum	Wasser in Procenten	Trocken-rückstand in Procenten	Kochsalz in Procenten	Wollny's Zahl	Bemerkungen.
679/98	6. 4. 98	9,63	90,37	0,46	26,4	Tischbutter.
⸗ ⸗	⸗ ⸗ ⸗	10,40	89,60	3,14	29,4	Kochbutter.
896 ⸗	7. 5. ⸗	14,00	86,00	0,60	31,3	Tischbutter.
⸗ ⸗	⸗ ⸗ ⸗	6,90	93,10	1,70	27,5	Kochbutter.
1108 ⸗	2. 6. ⸗	12,30	87,70	1,50	28,0	Gutsbutter.
1389 ⸗	5. 7. ⸗	10,9	89,1	0,8	26,8	Tischbutter.
⸗ ⸗	⸗ ⸗ ⸗	11,7	88,3	2,9	28,4	Gutsbutter.
1476 ⸗	16. ⸗ ⸗	12,1	87,9	0,8	25,5	Tischbutter.
⸗ ⸗	⸗ ⸗ ⸗	10,6	89,4	1,7	25,1	Gutsbutter.
1659 ⸗	2. 8. ⸗	13.4	86,6	1,1	28,6	Tischbutter.
⸗ ⸗	⸗ ⸗ ⸗	16,1	83,9	0,5	29,7	Gutsbutter.
1994 ⸗	3. 9. ⸗	10,1	89,9	1,2	28,6	Tischbutter.
⸗ ⸗	⸗ ⸗ ⸗	16,3	83,7	0,8	27,0	Gutsbutter.
2310 ⸗	3. 10. ⸗	11,9	88,1	0,3	25,4	Kochbutter.
⸗ ⸗	⸗ ⸗ ⸗	11,7	88,3	1,4	25,6	Tischbutter.
2874 ⸗	2. 11. ⸗	13,8	86,2	2,7	27,9	Tischbutter.
2875 ⸗	⸗ ⸗ ⸗	14,1	85,9	0,1	27,7	Kochbutter.
3128 ⸗	3. 12. ⸗	11,5	88,5	1,7	27,5	Tischbutter.
⸗ ⸗	⸗ ⸗ ⸗	9,9	90,1	1,1	28,5	Kochbutter.
11/99	3. 1. 99	12,0	88,0	1,7	28,1	Tischbutter.
⸗ ⸗	⸗ ⸗ ⸗	11,0	89,0	1,3	29,2	Kochbutter.
230 ⸗	4. 2. ⸗	16,5	83,5	1,0	26,5	Kochbutetr.
⸗ ⸗	⸗ ⸗ ⸗	12,2	87,8	1,7	29,7	Tischbutter.
456 ⸗	4. 3. ⸗	11,8	88,2	1,5	27,7	Tischbutter.
⸗ ⸗	⸗ ⸗ ⸗	11,1	88,9	1,5	27,4	Kochbutter.

Wenzel-Hancke'sches Krankenhaus.

Geschäfts-zeichen U. A.	Datum	Wasser in Procenten	Trocken-rückstand in Procenten	Kochsalz in Procenten	Wollny's Zahl	Bemerkungen.
694/98	6. 4. 98	15,3	84,7	0,37	25,7	Tischbutter.
⸗ ⸗	⸗ ⸗ ⸗	12,6	87,4	0,20	28,2	Kochbutter.
1387 ⸗	5. 7. ⸗	14,0	86,0	0,70	26,8	Tischbutter.
⸗ ⸗	⸗ ⸗ ⸗	11,3	88,7	2,40	27,7	Kochbutter.
17/99	3. 1. 99	13,9	86,1	1,00	28,6	Tischbutter.
⸗ ⸗	⸗ ⸗ ⸗	9,9	90,1	1,20	29,6	Kochbutter.

Zufluchtshaus für Genesende in Weidenhof.

Geschäfts-zeichen U. A.	Datum	Wasser in Procenten	Trocken-rückstand in Procenten	Kochsalz in Procenten	Wollny's Zahl	Bemerkungen.
971/98	10. 5. 98	14,4	85,6	1,2	24,6	
720 ⸗	13. 4. ⸗	13,7	86,3	1,1	25,9	
1175 ⸗	10. 6. ⸗	12,3	87,7	2,0	28,7	Tischbutter.
⸗ ⸗	⸗ ⸗ ⸗	9,5	90,5	0,5	25,8	Kochbutter.
1421 ⸗	12. 7. ⸗	12,9	87,1	0,5	27,7	Tischbutter.
⸗ ⸗	⸗ ⸗ ⸗	11,5	88,5	0,9	30,7	Kochbutter.
1759 ⸗	5. 8. ⸗	9,7	90,3	0,8	30,2	Tischbutter.
1760 ⸗	⸗ ⸗ ⸗	7,9	92,1	0,5	29,4	Kochbutter.
2022 ⸗	7. 9. ⸗	11,1	88,9	0,9	28,0	
2861 ⸗	1. 11. ⸗	15,2	84,8	1,5	30,7	Tischbutter.
⸗ ⸗	⸗ ⸗ ⸗	10,9	89,1	1,9	28,0	Kochbutter.
2949 ⸗	8. ⸗ ⸗	14,7	85,3	1,8	29,8	Tischbutter.
3139 ⸗	6. 12. ⸗	12,3	87,7	1,6	29,0	
60/99	9. 1. 99	13,9	86,1	1,8	28,6	
440 ⸗	3. 3. ⸗	15,5	84,5	1,3	29,5	Tischbutter.
⸗ ⸗	⸗ ⸗ ⸗	15,5	84,5	1,4	30,5	Kochbutter.

Butterproben,

im Auftrage des Königl. Polizei-Präsidiums untersucht, welche sich bei der Vorprüfung (Bestimmung der Wollny'schen Zahl) als unverdächtig erwiesen.

1898.

Laufende Nummer	Geschäftszeichen U. A.	Datum	Wollny's Zahl	Bemerkungen
1	648/98	4. 4. 98	28,0	
2	649 =	= = =	28,9	
3	650 =	= = =	27,0	
4	672 =	6. = =	26,7	
5	673 =	= = =	26,3	
6	674 =	= = =	25,4	
7	675 =	= = =	27,5	
8	676 =	= = =	27,4	
9	703 =	12. 4. =	27,7	
10	709 =	= = =	28,4	
11	712 =	13. = =	26,5	
12	729 =	15. = =	26,2	
13	730 =	= = =	24,9	
14	740 =	16. = =	27,6	
15	741 =	= = =	27,9	
16	742 =	= = =	29,0	
17	743 =	= = =	28,4	
18	744 =	= = =	30,0	
19	756 =	= = =	25,4	Kochsalz 2,7%.
20	768 =	18. = =	24,9	
21	776 =	19. = =	26,3	
22	777 =	= = =	25,9	
23	778 =	= = =	27,5	
24	792 =	20. = =	24,8	
25	793 =	= = =	26,0	
26	802 =	21. = =	22,7	
27	814 =	23. = =	27,5	
28	816 =	= = =	29,6	
29	843 =	27. = =	28,2	
30	844 =	= = =	24,9	
31	845 =	= = =	31,7	
32	871 =	3. 5. =	24,3	
33	945 =	9. = =	29,6	
34	949 =	= = =	28,5	
35	956 =	= = =	30,3	
36	966 =	10. = =	28,6	
37	982 =	12. = =	27,3	
38	993 =	= = =	29,1	
39	994 =	= = =	27,6	
40	995 =	= = =	23,1	
41	996 =	= = =	24,2	
42	1007 =	13. = =	30,0	
43	1008 =	= = =	27,7	
44	1028 =	16. = =	27,7	
45	1033 =	= = =	26,9	
46	1045 =	17. = =	26,9	
47	1064 =	24. = =	30,4	
48	1065 =	= = =	27,3	
49	1066 =	= = =	28,4	
50	1076 =	26. = =	27,2	
51	1077 =	= = =	33,6	
52	1078 =	= = =	26,9	
53	1120 =	3. 6. =	28,3	
54	1154 =	6. = =	25,3	

Laufende Nummer	Geschäftszeichen U. A.	Datum	Wollny's Zahl	Bemerkungen
55	1155/98	6. 6. 98	35,3	
56	1166 =	8. 6. =	31,6	
57	1167 =	= = =	29,3	
58	1176 =	10. = =	28,7	
59	1186 =	13. = =	28,1	
60	1187 =	= = =	27,0	
61	1188 =	= = =	23,9	
62	1200 =	14. = =	27,3	
63	1201 =	= = =	29,4	
64	1202 =	= = =	29,8	
65	1203 =	= = =	29,8	
66	1204 =	= = =	28,6	
67	1205 =	= = =	29,4	
68	1216 =	15. = =	29,0	
69	1229 =	18. = =	29,6	
70	1230 =	= = =	30,4	
71	1292 =	28. = =	29,1	
72	1293 =	= = =	29,7	
73	1294 =	= = =	25,3	
74	1295 =	= = =	30,6	
75	1296 =	= = =	26,9	
76	1297 =	= = =	27,5	
77	1298 =	= = =	30,1	
78	1313 =	30. = =	29,6	Kochsalz 1,66%.
79	1329 =	4. 7. =	28,0	
80	1419 =	12. = =	28,6	
81	1434 =	13. = =	26,1	
82	1435 =	= = =	31,3	
83	1436 =	= = =	29,4	
84	1437 =	= = =	26,6	
85	1438 =	= = =	26,5	
86	1439 =	= = =	30,9	
87	1452 =	14. = =	28,0	
88	1453 =	= = =	28,0	
89	1454 =	= = =	27,2	
90	1455 =	= = =	28,1	
91	1459 =	15. = =	25,0	
92	1460 =	= = =	26,1	
93	1483 =	18. = =	29,2	
94	1484 =	= = =	32,2	
95	1486 =	= = =	31,5	
96	1487 =	= = =	27,7	
97	1488 =	= = =	25,5	
98	1491 =	= = =	31,4	
99	1528 =	26. = =	26,4	
100	1529 =	= = =	28,3	
101	1550 =	28. = =	28,2	
102	1551 =	= = =	26,6	
103	1552 =	= = =	28,0	
104	1754 =	5. 8. =	28,4	
105	1777 =	9. = =	27,8	
106	1778 =	= = =	30,6	
107	1779 =	= = =	27,8	
108	1780 =	= = =	27,5	
109	1785 =	10. = =	27,6	
110	1786 =	= = =	27,6	

Laufende Nummer	Geschäftszeichen U. A.	Datum	Wollny's Zahl	Bemerkungen	Laufende Nummer	Geschäftszeichen U. A.	Datum	Wollny's Zahl	Bemerkungen
111	1787/98	10. 8. 98	27,7		171	2824/98	25. 10. 98	25,8	
112	1845 =	13. = =	31,0		172	2825 =	= = =	28,9	
113	1846 =	= = =	27,4		173	2826 =	= = =	29,9	
114	1852 =	15. = =	26,0		174	2851 =	31. = =	30,2	
115	1853 =	= = =	28,5		175	2879 =	4. 11. =	30,1	
116	1860 =	16. = =	26,7		176	2880 =	= = =	25,8	
117	1861 =	= = =	29,5		177	2881 =	= = =	28,7	
118	1870 =	17. = =	30,2		178	2887 =	= = =	29,9	
119	1871 =	= = =	30,1		179	2943 =	8. = =	29,4	
120	1876 =	= = =	28,1	Kochsalz 4,3%.	180	2944 =	= = =	31,7	
121	1882 =	18. = =	28,1		181	2945 =	= = =	32,4	
122	1888 =	20. = =	27,4		182	2958 =	10. = =	28,0	
123	1889 =	= = =	28,5		183	2961 =	= = =	26,2	
124	1929 =	23. = =	26,6		184	2974 =	12. = =	29,3	
125	1930 =	= = =	29,2		185	2986 =	14. = =	28,1	
126	1948 =	25. = =	30,7		186	2987 =	= = =	28,5	
127	1972 =	30. = =	27,5		187	2993 =	= = =	29,3	
128	1973 =	= = =	29,3		188	2999 =	= = =	29,4	
129	1974 =	= = =	24,0		189	3017 =	17. = =	28,7	
130	1989 =	3. 9. =	27,2		190	3020 =	= = =	29,3	Kochsalz 3,1%.
131	1990 =	= = =	27,7		191	3038 =	21. = =	28,8	
132	1995 =	= = =	30,1		192	3046 =	23. = =	28,4	
133	2009 =	5. = =	29,0		193	3063 =	25. = =	23,8	
134	2012 =	6. = =	27,6	Kochsalz 3,2%	194	3071 =	26. = =	28,1	
135	2032 =	10. = =	26,4		195	3072 =	= = =	26,0	
136	2036 =	= = =	26,1		196	3073 =	= = =	27,2	
137	2045 =	= = =	26,6		197	3074 =	= = =	29,7	
138	2055 =	12. = =	27,8		198	3080 =	= = =	28,2	
139	2056 =	= = =	25,9		199	3089 =	30. = =	29,2	
140	2057 =	= = =	28,6		200	3091 =	= = =	27,1	
141	2058 =	= = =	31,0		201	3094 =	= = =	27,7	
142	2059 =	= = =	27,2		202	3111 =	2. 12. =	28,2	
143	2095 =	16 = =	29,0		203	3143 =	7. = =	28,1	
144	2096 =	= = =	27,8		204	3151 =	8. = =	26,2	
145	2108 =	19 = =	29,7		205	3152 =	= = =	28,2	
146	2114 =	= = =	27,2		206	3168 =	12. = =	26,6	
147	2115 =	= = =	26,0		207	3173 =	= = =	26,5	
148	2116 =	= = =	27,7		208	3174 =	= = =	27,3	
149	2117 =	= = =	29,2		209	3175 =	= = =	27,2	
150	2173 =	21. = =	26,6		210	3195 =	15. = =	24,2	
151	2174 =	= = =	31,1		211	3206 =	16. = =	29,6	Kochsalz 1,57%.
152	2175 =	= = =	27,6		212	3210 =	= = =	28 1	
153	2306 =	1. 10. =	27,2		213	3211 =	= = =	28,8	
154	2314 =	3. = =	27,0		214	3212 =	= = =	29,8	
155	2315 =	= = =	26,0		215	3216 =	17. = =	28,1	Säuregrad 10,5.
156	2481 =	6. = =	27,2		216	3217 =	= = =	28,2	
157	2486 =	= = =	29,9		217	3247 =	21. = =	27,0	
158	2487 =	= = =	26,5		218	3248 =	= = =	27,1	
159	2488 =	= = =	27,7		219	3249 =	= = =	26,7	
160	2502 =	10. = =	27,2		220	3250 =	= = =	32,8	
161	2536 =	11. = =	27,0		221	3259 =	22. = =	28,1	
162	2579 =	13. = =	28,5		222	3260 =	= = =	26,0	
163	2580 =	= = =	26,7		223	3261 =	= = =	28,5	
164	2582 =	= = =	29,7		224	3280 =	30. = =	28,2	
165	2583 =	= = =	27,4						
166	2584 =	= = =	28,0			**1899.**			
167	2593 =	= = =	26,0						
168	2609 =	15. = =	27,3		225	24/99	4. 1. 99	27,7	
169	2610 =	= = =	24,6		226	29 =	= = =	28,7	
170	2611 =	= = =	27,0		227	102 =	14. = =	25,5	

Laufende Nummer	Geschäftszeichen U. A.	Datum	Wollny's Zahl	Bemerkungen	Laufende Nummer	Geschäftszeichen U. A.	Datum	Wollny's Zahl	Bemerkungen
228	106/99	16. 1. 99	26,0		263	343/99	20. 2. 99	27,8	
229	107 =	= = =	29,2		264	344 =	= = =	27,9	
230	115 =	17. = =	28,8		265	345 =	= = =	27,3	
231	117 =	= = =	27,7		266	346 =	= = =	28,1	
232	127 =	= = =	31,3		267	347 =	= = =	28,1	
233	144 =	19. = =	28,7		268	348 =	= = =	30,2	
234	145 =	= = =	26,0		269	363 =	23. = =	27,5	Kochsalz 0,5%.
233	146 =	= = =	27,5		270	393 =	27. = =	29,6	
236	147 =	= = =	28,7		271	394 =	= = =	28,9	
237	148 =	= = =	28,2		272	395 =	= = =	30,4	
238	149 =	= = =	25,7		273	408 =	1. 3. =	28,0	
239	150 =	= = =	26,7		274	409 =	= = =	28,7	
240	151 =	= = =	31,4		275	410 =	= = =	26,1	
241	152 =	= = =	24,5		276	433 =	2. = =	28,5	
242	153 =	= = =	27,1		277	434 =	= = =	26,1	
243	179 =	24. = =	27,6	Kochsalz 2,75%.	278	435 =	= = =	27,2	
244	192 =	26. = =	27,5		279	438 =	3. = =	28,6	
245	193 =	= = =	30,3		280	460 =	6. = =	29,8	
246	194 =	= = =	28,6		281	476 =	8. = =	28,4	
247	195 =	= = =	28,7		282	489 =	9. 3. =	27,5	
248	207 =	30. = =	29,2		283	510 =	11. = =	24,0	
249	208 =	= = =	26,1		284	511 =	= = =	24,9	
250	209 =	= = =	28,2		285	512 =	= = =	27,6	
251	238 =	6. 2. =	28,2		286	523 =	14. = =	27,2	
252	238 =	= = =	28,7		287	527 =	= = =	29,5	
253	262 =	11. = =	28,0		288	528 =	= = =	29,6	
254	293 =	14. = =	27,6		289	529 =	= = =	29,1	
255	294 =	= = =	25,5		290	530 =	= = =	26,6	
256	302 =	15. = =	28,1		291	531 =	= = =	27,9	
257	303 =	= = =	34,3		292	544 =	16. = =	29,6	
258	304 =	= = =	26,7		293	545 =	= = =	27,0	
259	305 =	= = =	30,1		294	582 =	25. = =	28,5	Kochsalz 4,1%.
260	316 =	16. = =	29,5		295	598 =	28. = =	29,6	
261	317 =	= = =	28,0		296	599 =	= = =	27,6	
262	337 =	20. = =	30,5		297	600 =	= = =	29,4	

Bezüglich der durch das Königl. Polizei-Präsidium eingelieferten Butterproben möchten wir hervorheben, dass keine derselben eines Zusatzes von Margarine oder eines anderen fremden Fettes verdächtig war. Unter den untersuchten 326 Proben befanden sich nur zwei, deren Wollny'sche Zahlen erheblich unter 24,0, nämlich bei 22,7 und 23,1 lagen. Wir möchten dieses günstige Ergebniss als eine Wirkung des Gesetzes betr. den Verkehr mit Ersatzmitteln von Butter ansehen und zwar als eine Folge der Trennung der Verkaufsräume von Butter und von deren Ersatzmitteln, wie sie für die grossen Städte vorgeschrieben ist. Nicht unerwähnt möchten wir ferner lassen, dass die untersuchten Butterproben im Vergleiche zu den Vorjahren auffallend hohe Wollny-Zahlen lieferten. Sollte die gleiche Beobachtung auch anderwärts gemacht worden sein, so wird man nicht umhin können, ihre Ursache in meteorologischen Bedingungen und Fütterungsverhältnissen zu suchen.

Im Allgemeinen weist der Verkehr mit Butter eine von Jahr zu Jahr fortschreitende Besserung auf. Immer mehr wird der Butterhandel, wenigstens in grösseren Städten, in Spezialgeschäfte verlegt, welche das Bestreben haben, ihren Abnehmern eine gleichmässig gute Waare zu liefern, während der Marktverkehr dauernd zurückgeht. Wie beim Biere eignet sich das Publikum nach und nach die wünschenswerthe Waarenkenntniss an, welche die beste Gewähr dafür bietet, dass die zweifelhaften Buttersorten der ländlichen Hausindustrie schliesslich unverkäuflich werden.

Die im Nachstehenden aufgeführten Butterproben, welche wegen zu hohen Gehaltes an Wasser oder an Kochsalz oder wegen Verdorbenseins beanstandet wurden, entstammen durchweg dem ländlichen Hausbetriebe.

Butterproben, welche wegen zu hohen Gehaltes an Kochsalz beanstandet wurden:

Geschäftszeichen U. A.	Datum	Auftraggeber	Gehalt an Kochsalz Procent	Wollny's Zahl	Bemerkungen
804/98	21. 4. 98	Polizei-Präs.	6,6	27,9	Beanstandet.
1146 =	6. 6. =	= =	13,0	30,5	desgl.
1147 =	= = =	= =	8,2	28,7	desgl.
1418 =	12. 7. =	= =	6,8	28,4	desgl.
2602 =	14. 10. =	= =	5,3	27,7	desgl.
2838 =	26. = =	= =	5,5	26,2	desgl.
3019 =	17. 11. =	= =	6,8	29,1	desgl.
45/99	6. 1. 99	= =	5,4	25,1	desgl.
46 =	= = =	= =	6,1	31,4	desgl.
47 =	= = =	= =	6,0	30,8	desgl.
219 =	1. 2. =	= =	6,0	26,5	desgl.
220 =	= = =	= =	5,1	29,5	desgl.

Butterproben, welche als verdorben beanstandet wurden:

Geschäftszeichen U. A.	Datum	Auftraggeber	Wollny's Zahl	Säuregrad	Bemerkungen
1006/98	13. 5. 98	Polizei-Präs.	33,9	27,1	Stark ranzig, verdorben.
1027 =	16. = =	= =	23,0	46,3	Ungarische B. des Grosshdls., nicht beanstandet.
2501 =	10. 12. =	= =	23,4	11,3	Verdorben.
3262 =	23. = =	= =	25,6	22,5	desgl.
286/99	13. 2. 99	= =	26,7	19,4	desgl.
319 =	16. = =	= =	25,8	16,4	desgl.
283 =	13. = =	ausw. Behörde	25,3	23,7	Wasser 14,3%, verdorben.
233 =	4. = =	= =	26,7	17,2	Wasser 10,3%, verdorben.

In mehreren Fällen wurden uns Postsendungen von Butter zur Beurtheilung unterbreitet, welche auf Zeitungsannoncen hin aus Oesterreich gegen Nachnahme bezogen worden waren. Diese aus Tluste in Galizien stammenden Sendungen bestanden durchweg aus verdorbener, ekelhafter Butter. In einem Falle U. A. 2491/98 war die Butter in ihrer ganzen Masse von Wucherungen des Pinselschimmels (Penicillium glaucum) durchzogen. Das Publikum kann nicht oft genug gewarnt werden, seinen Bedarf aus solchen zweifelhaften Quellen zu beziehen.

Butterproben, welche wegen zu hohen Wassergehaltes eingeliefert wurden:

Geschäfts-zeichen U. A.	Datum	Auftrag-geber	Trocken-rückstand Procente	Wasser Procente	Wollny's Zahl	Bemerkungen
683/98	6. 4. 98	Pol.-Präs.	54,4	45,6	26,9	Verfälscht.
812 =	23. = =	= =	71,9	28,1	24,2	Beanstandet.
813 =	= = =	= =	76,1	23,9	23,8	Kochsalz 9%, beanstandet.
817 =	= = =	= =	82,9	17,1	25,5	Nicht beanstandet.
820 =	25. = =	= =	81,4	18,6	26,5	Kochsalz 3,6%, nicht beanst.
872 =	4. 5. =	= =	68,6	31,4	26,5	Verfälscht.
873 =	= = =	= =	76,6	23,4	25,2	desgl.
892 =	7. = =	= =	86,0	14,0	27,9	Nicht beanstandet.
944 =	9. = =	= =	82,2	17,8	27,8	desgl.
974 =	11. = =	= =	88,5	11,5	29,8	Kochsalz 4,0%, nicht beanst.
1512 =	23. 7. =	= =	85,3	14,7	24,9	Nicht beanstandet.

Es macht hiernach wohl den Eindruck, als ob die Gewohnheit, wasserreiche Butter zu verkaufen, etwas abgenommen habe; dass indessen dieser Gebrauch noch nicht ganz aufgehört hat, lehrt die vorstehende Tabelle.

Butterproben, welche unter dem bestimmten Verdachte eingeliefert wurden, sie seien mit Margarine verfälscht.

Geschäfts-zeichen U. A.	Datum	Auftrag-geber	Wollny's Zahl	Säure-grad	Refrak-tion bei 25° C.	Bemerkungen
728/98	15. 4. 98	Auswärtige Behörde	26,9	15,4	—	Unverfälscht, aber verdorben.
862 =	2. 5. =	=	28,4	—	—	Normale Butter.
= =	= = =	=	29,8	—	—	desgl.
= =	= = =	=	27,9	—	—	desgl.
1052 =	20. = =	=	29,7	—	—	desgl.
1128 =	3. 6. =	=	26,3	—	—	Kochsalz 2,5%, normale Butter.
1263 =	22. = =	=	26,5	6,6	—	Verdorben.
2300 -	30. 9. =	=	29,1	—	—	Normale Butter.
3027 =	19. 11. =	=	29,1	—	—	
170/99	19. 1. 99	=	29,6	—	—	
225 =	2. 2. =	=	14,3	7,1	55,7	} Mischung gleicher Theile
= =	= = =	=	14,6	6,9	55,8	Butter und Margarine.
= =	= = =	=	15,0	7,7	55,8	
229 =	4. 2. =	=	28,3	—	—	Normale Butter.
1148/98	6. 6. 98	Priv.-Pers.	14,9	—	54,4	{ Mischung gleicher Theile Butter und Margarine.
721 =	13. 4. =	=	26,5	—	—	
722 =	= = =	=	26,2	—	—	
822 =	25. = =	=	27,8	21,2	—	Unverfälscht, aber verdorben.
980 =	12. 5. =	=	29,5	—	—	Normale Butter.
1232 =	20. 6. =	=	27,8	10,8	—	{ Wasser 8,7%, Kochsalz 3,8%, normale Butter.
1441 =	13. 7. =	=	27,1	—	—	Normale Butter.
1556 =	29. = =	=	22,4	—	52,04	Hehner's Zahl 89,4, verdächtig.
1928 =	23. 8. =	=	24,2	—	—	Normale Butter.
2951 =	9. 11. =	=	32,2	—	—	desgl.
2960 =	10. = =	=	29,5	—	—	desgl.
= =	= = =	=	30,5	—	—	desgl.
= =	= = =	=	29,6	—	—	desgl.
284/99	13. 2. 99	=	27,5	—	—	desgl.
505 =	13. 3. =	=	30,3	—	—	desgl.

Auffallend muss es erscheinen, wie häufig Butter einer Fälschung mit Margarine für verdächtig erachtet wurde, während die Untersuchung diesen Verdacht nicht bestätigte. Diese Proben waren entweder in talgiger Veränderung begriffen oder sie waren ranzig. Endlich ist es auch wiederholt vorgekommen, dass völlig normale Butter vorlag, welche nur einen etwas faden, schmalzigen Geschmack besass. Diesen Proben war der charakteristische Buttergeschmack wahrscheinlich durch allzustarkes Auswaschen entzogen worden, was demnach unter Umständen auch zu den Butterfehlern gerechnet werden kann.

Ein Zusatz von Margarine (rund 50 Proc.) wurde nur in zwei Fällen mit Sicherheit festgestellt.

U. A. 114988. Aus einer oberschlesischen Stadt stammend gab die Wollny'sche Zahl 14,9, Refraktion 54,4 bei 25° C. Hiernach war an einem Zusatz von Margarine nicht zu zweifeln.

U. A. 225/99. Von einer Staatsanwaltschaft bei einem oberschlesischen Landgerichte wurde ein ganzer Marktkorb mit Butter eingesendet. Die Butter war als verdorben angehalten, ausserdem wegen ihres streifigen Aussehens verdächtig geworden. Die Wollny'schen Zahlen (siehe Tabelle) von 14,3—15,0 liessen keinen Zweifel zu, dass eine Mischung mit Margarine vorlag. Ausserdem wurde dieser Verdacht bestätigt durch das Eintreten der Sesamölreaktion.

U. A. 691/98. Es sollte entschieden werden, ob diese Butter Ziegenbutter sei. Die analytischen Daten waren folgende: Säuregrad 32,2, Refraktion bei 25° C. 49,1, Wollny's Zahl 24,3, Hehner's Zahl 88,8. Diese Zahlen stimmten durchweg für Kuhbutter. Da die Butter aber inzwischen total ranzig geworden war, musste erklärt werden, dass diese Frage nicht sicher zu beantworten sei.

Margarine, Schweineschmalz.

Von Margarine gelangten im Berichtsjahre im ganzen 14 Proben zur Untersuchung, von denen 11 Proben durch das Königl. Polizei-Präsidium, 3 Proben durch andere Behörden eingeliefert waren.

Die Wollny'schen Zahlen dieser Proben bewegten sich zwischen 0,8 und 2,15. Demnach enthielt keine der Proben mehr als die gesetzlich zugelassene Menge Butterfett. Sämmtliche Proben enthielten ferner das gesetzlich vorgeschriebene Erkennungsmittel (Sesamöl). Der Nachweis des letzteren verursachte Schwierigkeiten nicht, und zwar aus dem Grunde, weil die Mehrzahl der Proben keinen Farbstoff enthielt, der durch Salzsäure geröthet wurde. Diese Verhältnisse haben sich inzwischen allerdings ganz wesentlich geändert, im laufenden Jahre ist der Nachweis des Sesamöls erheblich schwieriger geworden.

Beanstandet mussten auch im Berichtsjahre mehrere Proben Margarine werden, weil ihre Verpackung nicht den gesetzlichen Anforderungen entsprach.

Von Schweineschmalz gelangten insgesammt 32 Proben zur Untersuchung, und zwar wurden 21 Proben durch das Königl. Polizei-Präsidium, 11 Proben durch andere Behörden eingeliefert. Unter diesen befanden sich 3 Proben sog. Bratenfett, welches aus einheimischen Schweinen am hiesigen Orte ausgeschmolzen war. Diese Proben gaben Jodzahlen von 51,8, bez. 53,4, bez. 56,9. Die Refraktion bei 25° C. war 59,4 bez. 57,5 bez. 58,4.

Die übrigen Proben waren amerikanischer Herkunft. Ihre Jodzahlen lagen bei 62 bis 64, in einzelnen Fällen auch bei 66. Die Refraktion bei 25° C. bewegte sich von 58,4—60,1.

Die Anwesenheit von Baumwollsamenöl konnte durch die bekannten Farbenreaktionen in keinem Falle festgestellt werden. Es scheint demnach — und unsere Ergebnisse befinden sich in Uebereinstimmung mit den auch in anderen Anstalten erhaltenen — dass die Verfälschung von Schweineschmalz mit Baumwollsamenöl aufgehört hat.

Wir haben in einigen Fällen zu unserer eigenen Belehrung versucht, den Nachweis von Baumwollsamenöl im Schweineschmalz durch die Isolirung des Phytosterins zu führen, müssen aber bekennen, dass nach den von uns erhaltenen Resultaten die erwähnte Methode nicht als zuverlässig bezeichnet werden kann.

Alkoholische Getränke, denaturirter Spiritus.

Wein. Von Wein kamen im Ganzen 8 Proben zur Untersuchung, über welche sich nichts Besonderes mittheilen lässt. Von einigem Interesse sind die nachfolgenden Fälle.

U. A. 2679/98. In diesem Falle wurde die Erstattung eines Gutachtens abgelehnt, da es sich darum handelte, festzustellen, ob der für eine Flasche Wein gezahlte Preis von 36 $\mathcal{M}$ angemessen sei.

U. A. 2235/98. Muscat-Façon. Ein in Grünberg in Schlesien fabricirter und unter obigem Namen in den Verkehr gebrachter Kunstwein war in einem dritten Orte angehalten worden, weil er salicylirt sein sollte. Wir erhielten den noch vorhandenen Rest von 58 ccm zur Prüfung übersendet.

Es war nun allerdings möglich, nach dem vom Bundesrathe unter dem 25. Juni 1896 vorgeschriebenen Verfahren einen Rückstand zu gewinnen, welcher mit Eisenchlorid eine graubläuliche Färbung gab. Da wir aber die gleiche Färbung mit einem ad hoc aus Traubenkämmen gewonnenen Rückstande erhielten, so mussten wir die Möglichkeit zugeben, dass der von Medicus zuerst aus Traubenkämmen isolirte und beschriebene Körper zu einer Täuschung geführt habe, dass also mit anderen Worten die beobachtete Farbenreaktion von einer aus Weinkämmen stammenden Substanz und nicht von Salicylsäure herrühre.

U. A. 214/99. Weinfälschung (?). Ein Weinhändler in einer benachbarten Provinz hatte geständlich Ungarwein in folgender Weise hergestellt:

Er hatte einen gewöhnlichen Landwein mit 0,5 Proc. Alkohol versetzt, dann über sog. „Ungarweinlager" stehen lassen, einen Auszug von Bockshornsamen (Semen Foenugraeci) und 5 Proc. Sherry zugesetzt. Das so erhaltene Produkt wurde als „Ungarwein" bezeichnet, mit ihm wurden bessere Ungarweine verschnitten.

Das „Ungarweinlager" erwies sich als eine Mischung von Weintrestern mit Weinhefe; der damit erzeugte Ungarwein gab folgende Zahlen. In 100 ccm sind enthalten:

Extrakt 1,61 g

Gesammtsäure als Weinsäure 0,552 g

Flüchtige Säure als Essigsäure 0,136 g

Mineralbestandtheile 0,223 g

Phosphorsäure 0,05 g

Nach der Weingesetzgebung charakterisiren sich die erwähnten Manipulationen als zulässig oder doch wenigstens strittig mit Ausnahme des Zusatzes von Bockshornsamenauszug. Diesen bezeichneten wir als unzulässig, weil es verboten sei, dem Weine „Bouquetstoffe" zuzusetzen. Das Verfahren muss indessen eingestellt worden sein, weil wir nichts mehr von der Sache gehört haben.

U. A. 503/99. Ungarwein. Als Ungarwein wurde ein Getränk eingeliefert, welches bei der Analyse vollständig normale Werthe gab und trotzdem kein normaler Wein sein konnte. Derselbe war von auffallend spritigem Geschmack, hatte absolut nicht den Charakter eines Ungarweines, schmeckte vielmehr wie ein Likör.

In 100 ccm waren enthalten:

Alkohol	13,93 g	Glycerin	1,126 g
,,	17,55 ccm	Asche	0,226 ,,
Extrakt	6,46 g	Phosphorsäure	0,0315 ,,
Zucker direkt	3,42 ,,	Alkohol:Glycerin	100:8,1 ,,
,, nach der Inversion	3,43 ,,		

Wir hielten dieses Getränk für eine Mischung eines Landweines mit Marsala, welche gespritet und mit Glycerin versetzt worden ist.

Bier. Im Auftrage des Königl. Polizei-Präsidiums wurden 12 Proben Jungbier und 8 Proben Lagerbier untersucht. Die Untersuchung erfolgte hauptsächlich unter dem Gesichtspunkte, ob zur Herstellung dieser Biere künstliche Süssstoffe verwendet worden seien. Das Ergebniss der Untersuchung war indessen in allen Fällen ein negatives.

Durch den Magistrat der Stadt Breslau wurden 2 Proben Bier zur Untersuchung eingereicht, welche sich als normal erwiesen.

Von anderen Behörden wurde die Untersuchung von Bier in vier Fällen beantragt. In einem Falle *U. A. 1004/98* sollte durch die Untersuchung festgestellt werden, ob ein auswärtiger Brauereibesitzer sein eigenes Bier als das Erzeugniss einer fremden Brauerei verkauft habe. Die Untersuchung des fremden Originalbieres und des verdächtigen Bieres ergab folgende Werthe.

In 100 ccm	verdächtiges Bier	Originalbier
Alkohol	5,1 ccm	5,40 ccm
	= 4,05 g	= 4,29 g
Extrakt	6,31 ,,	6,10 ,,
Mineralbestandtheile	0.235 ,,	0,231 ,,
Essigsäure	0,057 ,,	0,017 ,,
Stammwürze	14,41° ,,	14,68° ,,

Nach diesem Ergebniss der Untersuchung konnte der Beweis nicht als erbracht angesehen werden, dass eine Unterschiebung selbstgebrauten Bieres für ein fremdes Bier stattgefunden habe.

Branntwein. Durch auswärtige Behörden wurden 10 Proben von Branntwein eingeliefert mit dem bestimmten Verdachte, dieselben seien unter Verwendung von denaturirtem Spiritus hergestellt. Die Untersuchung hat diesen — übrigens alljährlich mit einer gewissen Regelmässigkeit wiederkehrenden — Verdacht nicht bestätigt.

Eine wichtige Frage ist indessen während des Berichtsjahres ihrer Klärung entgegen geführt worden: ob die durch Vermischen von Obstsaft mit Spiritus hergestellten

Getränke als Wein oder als Branntwein aufzufassen seien. Wir haben über diesen Gegenstand fortlaufend berichtet (Jahresbericht des Chem. Untersuchungsamtes Breslau 1897/98 pag 43 und folgende) und können uns darauf beschränken mitzutheilen, dass auf Ersuchen des Staatsministeriums die wissenschaftliche Deputation für das Medizinalwesen unter dem 19. October 1898 folgendes Gutachten abgegeben hat.

Berlin, den 19. October 1898.

Die der Königl. Wissenschaftlichen Deputation für das Medizinalwesen vorgelegte Frage, ob der durch Vermischen von Obstsaft mit destillirtem Alkohol hergestellte Cyder als Branntwein zu bezeichnen ist oder nicht, lässt sich wie folgt beantworten:

Nach einem früheren, von der Deputation abgegebenen Gutachten vom 14. Mai 1884 (Ministerialblatt für die gesammte innere Verwaltung Jahrgang 45 — 1884 S. 233) lassen sich nachstehende zwei Klassen von altkoholhaltigen Getränken unterscheiden:

1) „Destillirter Alkohol kann zu einem Getränk zugesetzt werden, welches seiner Natur nach bereits Alkohol enthielt, aber solchen, der durch Gährung zuckerhaltiger Flüssigkeiten im Laufe der Fabrikation entstanden, nicht aber destillirt ist, wie Wein, Obstwein, Bier etc."

Getränke dieser Art sollen nach dem Gutachten nicht als Branntwein bezeichnet werden.

2) „Der destillirte Alkohol wird zu einem Getränk hinzugesetzt, bezw. zur Herstellung eines Getränkes benutzt, welches seiner Natur nach sonst nicht alkoholhaltig ist. In diesem Falle soll das Getränk in die Klasse der Branntweine gehören."

Was nun den Cyder betrifft, welcher in dem erwähnten Gutachten zu den Branntweinen gerechnet wird, so können den dafür angeführten Gründen noch folgende zugefügt werden:

Der Cyder ist ein Getränk, welches als wesentliche Bestandtheile Zucker und Alkohol, daneben auch noch die übrigen Stoffe des angewandten Obstsaftes (z. B Aepfelmostes) enthält. Der Zucker stammt aus dem Obstsafte selbst, während der Alkohol künstlich zugesetzt wird. Von dem Cyder unterscheidet sich wesentlich der Obstwein, zu dessen Bereitung man den Obstsaft einer vollständigen Gährung unterwirft, wobei der Zuckergehalt ganz verschwindet. Bei der Herstellung des Cyders würde es für den Geschmack desselben von Nachtheil sein, wenn man den Obstsaft einer Gährung unterwerfen und dadurch den Zuckergehalt zu sehr vermindern wollte; man fügt deshalb den destillirten Alkohol möglichst früh zu dem Moste hinzu, um etwa begonnene Gährung zu unterbrechen. Der Obstsaft ist an und für sich eine alkoholfreie Flüssigkeit, und man kann daraus unmittelbar durch Zusatz von Alkohol in bestimmter Menge (15 Proc.) Cyder erzeugen. Ob der angewandte Most etwa einen durch begonnene Gährung entstandenen Gehalt von Alkohol besitzt, ist ganz unwesentlich und fällt ausser Betracht.

Demzufolge muss der Cyder, wie es schon in den früheren Gutachten geschah, zu denjenigen Getränken gerechnet werden, deren Herstellung auf die Weise geschieht, dass man Alkohol zu einem Getränk hinzufügt, welches seiner Natur nach nicht alkoholhaltig ist, d. h. der Cyder gehört in die Klasse der Branntweine.

Solange die oben erwähnte Unterscheidung zwischen Nichtbranntweinen und Branntweinen behördlich als Grundlage festgehalten wird, ist keine andere Beantwortung der gestellten Frage, als die obige möglich. Entgegengesetzt könnte dagegen die Entscheidung ausfallen, wenn man eine bestimmte Grenze im Alkoholgehalt als Klassifikationsprincip aufstellen würde.

Damit ist, wenigstens für den Cyder, die Frage einwandfrei dahin entschieden worden, dass derselbe zu den Branntweinen zu rechnen ist.

Denaturirter Spiritus. Von 46 Proben, welche durch das Königl, Polizei-Präsidium eingeliefert waren, entsprach nur 1 Probe nicht den Bestimmungen des Bundesrathes vom 27. Februar 1896, welche einen Mindest-Gehalt von 80 Gewichtsprocenten Alkohol fordern.

U. A. 1958/98. Der eingelieferte Spiritus zeigte am Alkoholometer nur 75,6 Gewichtsprocente an. Aus den in unserem vorigen Berichte (S. 12) angegebenen Gründen suchten wir die wahre Spiritusstärke mit allen verfügbaren Mitteln festzustellen.

a) Specifisches Gewicht bei 15° C. mit der Westphal'schen Wage = 0,8583 = 75,99 Gewichtsprocente.

b) Specifisches Gewicht bei 15° C. mit einer Aräometer-Spindel = 0,8590 = 75,70 Gewichtsprocente.

c) Specifisches Gewicht bei 15° C. mit dem Pyknometer = 0,8596 = 75,45 Gewichtsprocente.

d) Spiritusgehalt mit dem amtlichen Alkoholometer bestimmt = 75,6 Gewichtsprocente.

e) 50,000 g des Spiritus (genau gewogen) wurden mit Wasser auf 600 ccm aufgefüllt und hiervon 485,177 g abdestillirt. Das spezifische Gewicht dieses Destillates war = 0,9870. Hieraus berechnet sich ein Gehalt von 75,4 Gewichtsprocenten.

Da die Ermittelung durch die sub c—e angegebenen Hilfsmittel innerhalb der zulässigen Fehlergrenze liegende Werthe gab, so wurde der Spiritus als um fast 5 Proc. zu schwach beanstandet.

Petroleum.

Von Petroleum wurden während des Berichtsjahres insgesammt 29 Proben untersucht; von diesen waren 1 Probe von einer auswärtigen Behörde, 6 Proben von der städtischen Beleuchtungs-Inspektion, 6 Proben durch Private eingeliefert worden.

Von Seiten des Königl. Polizei-Präsidiums war eine Untersuchung von Petroleum nicht beantragt worden, weil während des Berichtsjahres Lampen-Explosionen zur amtlichen Kenntniss nicht gelangt waren.

Die tabellarische Zusammenstellung der Untersuchungsergebnisse lassen wir auf nebenstehender Seite folgen.

Aus dieser Zusammenstellung ergiebt sich, dass die städtische Verwaltung für die Promenaden-Beleuchtung ausschliesslich russisches Petroleum verwendet. Sie benutzt zum Brennen desselben, wie aus bestimmten Gründen betont werden mag, ausschliesslich Brenner gewöhnlicher Construktion und ist mit dem Erfolge recht zufrieden.

Wir haben in unserem letzten Berichte die wichtige Frage der Versorgung Deutschlands mit Petroleum auch vom wirthschaftlichen Standpunkte aus ziemlich eingehend besprochen und können zu diesem Punkte lediglich bemerken, dass die damals von uns gemachten Vorhersagen völlig eingetroffen sind.

Geschäftszeichen U. A.	Datum	Auftraggeber	Spec. Gewicht bei 15⁰ C.	Entflammungspunkt 0⁰ C.	Die fractionirte Destillation ergab Vol.-Proc.			Bemerkungen
					bis 140⁰	von 140 bis 270⁰	über 270⁰	

Russisches Petroleum.

Geschäftszeichen U. A.	Datum	Auftraggeber	Spec. Gewicht bei 15⁰ C.	Entflammungspunkt 0⁰ C.	bis 140⁰	von 140 bis 270⁰	über 270⁰	Bemerkungen
718/98	12. 4. 98	Magistrat	0,8240	34,0	2,5	92,0	5,5	
855 =	29. = =	=	0,8255	34,0	3,5	88,0	8,5	
990 =	12. 5. =	=	0,8260	34,0	4,0	88,0	8,0	
1129 =	3. 6. =	=	0,8250	34,0	5,5	88,0	6,5	
1264 =	22. = =	=	0,8230	35,0	4,5	91,5	4,0	
1440 =	12. 7. =	=	0,8240	34,0	6,0	88,5	5,5	
1553 =	28. = =	=	0,8197	30,0	10,0	83,0	7,0	
1834 =	11. 8. =	=	0,8245	33,5	5,0	88,0	7,0	
2010 =	5. 9. =	=	0,8260	38,5	3,5	90,5	6,0	
2322 =	3. 10. =	=	0,8240	34,5	4,5	88,0	7,5	
2500 =	8. = =	Privat	0,8260	38,5	3,5	90,0	6,5	
2669 =	15. = =	=	—	86,5	—	—	—	⎫ Als Mineralöl
= =	= = =	=	—	51,7	—	—	—	⎭ eingeliefert.
2742 =	22. = =	Magistrat	0,8280	36,5	5,25	86,0	8,75	
2877 =	3. 11. =	Garn.-Verwaltung	0,8220	34,5	5,7	87,5	6,8	
2981 =	12. = =	Magistrat	0,8250	35,5	4,5	88,5	7,0	
3013 =	15. = =	=	0,8240	34,8	5,5	88,5	6,0	
3062 =	25. = =	=	0,8260	35,0	5,5	89,5	5,0	
3182 =	12. 12. =	=	0,8250	35,2	5,0	88,5	6,5	
3273 =	27. = =	=	0,8240	35,8	5,0	88,5	6,5	
168/99	21. 1. 99	=	0,8260	36,0	6,0	87,0	7,0	
188 =	25. = =	=	0,8240	33,1	6,5	88,0	5,5	
298 =	14. 2. =	=	0,8260	33,8	8,0	88,0	4,0	
420 =	2. 3. =	=	0,8210	31,7	6,0	88,5	5,5	
= =	= = =	=	0,8205	31,7	6,5	88,5	5,0	
536 =	14. = =	=	0,8215	33,8	5,0	88,0	7,0	

Galizisches Petroleum.

Geschäftszeichen U. A.	Datum	Auftraggeber	Spec. Gewicht bei 15⁰ C.	Entflammungspunkt 0⁰ C.	bis 140⁰	von 140 bis 270⁰	über 270⁰	Bemerkungen
2730/98	17. 10. 98	Privat	0,8217	46,0	0,5	95,5	4,0	
78/99	1. 1. 99	=	0,8212	23,5	14,0	62,3	23,7	

Amerikanisches Petroleum.

Geschäftszeichen U. A.	Datum	Auftraggeber	Spec. Gewicht bei 15⁰ C.	Entflammungspunkt 0⁰ C.	bis 140⁰	von 140 bis 270⁰	über 270⁰	Bemerkungen
130/99	16. 1. 99	Privat	0,7955	25,2	15,0	56,0	29,0	

Das russische Petroleum ist wegen der Ungunst der Transportverhältnisse nicht im Stande, mit dem amerikanischen zu concurriren; das galizische Petroleum ist schon mit Rücksicht auf seine geringe Produktionsmenge ausser Stande, ein Regulator für den Preis des Petroleums zu werden.

Es scheint überhaupt, als ob das Vorkommen von Erdöl in Galizien recht überschätzt worden wäre und als ob die anfänglich reichlich fliessenden Quellen schon weniger ertragreich geworden wären. Auch bezüglich der Qualität des raffinirten Brenn-Petroleums werden die österreichischen Raffinerien noch Anstrengungen zu machen haben, wenn ihr Produkt den Anforderungen entsprechen soll, die in Deutschland an ein gutes Petroleum heut gestellt werden.

Wir sind in der Lage im Nachstehenden einige nähere Analysen von galizischem (und russischem) Petroleum mitzutheilen, welche insofern einigen Werth haben, als diese Proben direkt von dem Producenten herstammen.

U. A. 2500/98. Baku-Petroleum, ausserhalb der Nobel-Compagnie producirt, von einem Breslauer Importeur eingeführt.

Specifisches Gewicht bei 15⁰ C. = 0,826. Entflammungspunkt (760 B.) = 38,5⁰ C.

Die fraktionirte Destillation ergab

$$\text{bis} \quad 140^0 \text{ C.} = 3,5 \ \%$$
$$\text{von} \quad 140{-}270^0 \text{ C.} = 90,0 \ \%$$
$$\text{über} \quad 270^0 \text{ C.} = 6,5 \ \%$$

Die Bestimmung der Lichtstärke ergab in einem Brenner von 18 mm Durchmesser und bei einer Flammenhöhe von durchschnittlich 90 mm

	Leuchtkraft im Mittel	Verbrauch an Petroleum pro Stunde
In der ersten Stunde	10,50 Normal-Kerzen	34,0 g
= = zweiten =	10,55 = =	29,0 =
= = dritten =	10,35 = =	32,0 =
= = vierten =	10,60 = =	32,0 =
= = fünften =	10,50 = =	29,0 =
Mittel in einer Stunde	10,5 Normal-Kerzen	31,0 g

Der mittlere Verbrauch pro Stunden-Kerze beträgt 2,95 g Petroleum. Der Docht verkohlte nur in geringem Grade. Bei der Abkühlung auf — 20⁰ C. trübte sich das Petroleum schwach, dagegen trat Erstarren nicht ein. Nach allen Beobachtungen muss dieses Petroleum als gleichwerthig mit dem Nobel'schen bezeichnet werden.

U. A. 2730/98. Galizisches Petroleum als „Export-Petroleum" bezeichnet.

Specifisches Gewicht bei 15⁰ C. = 0,8217. Entflammungspunkt (760 B.) = 46⁰ C.

Die fraktionirte Destillation ergab

$$\text{bis} \quad 140^0 \text{ C.} = 0,5 \ \%$$
$$\text{von} \quad 140{-}270^0 \text{ C.} = 95,5 \ \%$$
$$\text{über} \quad 270^0 \text{ C.} = 4,0 \ \%$$

Die Bestimmung der Lichtstärke ergab in der vorher beschriebenen Beobachtungslampe

	Durchschnittliche Leuchtkraft	Verbrauch an Petroleum in der Stunde
In der ersten Stunde	9,4 Normal-Kerzen	33,0 g
= = zweiten =	9,3 = =	31,0 =
= = dritten =	9,4 = =	29,0 =
= = vierten =	9,4 = =	33,0 =
= = fünften =	9,6 = =	30,0 =
Mittel in einer Stunde	9,4 Normal-Kerzen	31,0 g

Der mittlere Verbrauch pro Stundenkerze beträgt 3,3 g Petroleum. Die Flammenhöhe war im Mittel 8,5 mm.

U. A. 78/99. Galizisches Petroleum als „Standard white" bezeichnet. Specifisches Gewicht bei 15^0 C. $= 0,8212$. Entflammungspunkt (760 B.) $= 23,7^0$ C.

Die fraktionirte Destillation ergab

$$\text{bis } \quad 140^0 \text{ C.} = 14,0 \text{ }^0/_0$$
$$\text{von } 140—270^0 \text{ C.} = 62,3 \text{ }^0/_0$$
$$\text{über } 270^0 \text{ C.} = 23,7 \text{ }^0/_0$$

Die Beobachtung der Lichtstärke ergab in der schon vorher beschriebenen Beobachtungslampe.

	Durchschnittliche Leuchtkraft	Verbrauch an Petroleum in der Stunde
In der ersten Stunde	8,6 Normal-Kerzen	26,0 g
= = zweiten =	8,5 = =	26,0 =
= = dritten =	8,4 = =	28,0 =
= = vierten =	8,6 = =	25,0 =
= = fünften =	8,7 = =	26,0 =
Mittel in einer Stunde	8,6 Normal-Kerzen	26,0 g

Da *U. A. 2730/98* und *U. A. 78/99* aus der nämlichen Raffinerie stammen, so lassen sie sich direkt vergleichen. Das erste ist ein sehr sorgfältig raffinirtes Oel, welches wohl im Stande wäre, den russischen Sorten, ja den deutschen Luxussorten Concurrenz zu machen. Das zweite Petroleum ist eine ziemlich mangelhaft raffinirte Sorte, welche schon bezüglich des Abel-Testes nur recht bescheidenen Anforderungen nachkommt.

U. A. 2877/98. Ein Petroleum, welches von einer auswärtigen Behörde beanstandet worden war, weil es angeblich galizisches und nicht wie die Lieferungsbedingungen lauteten russischen Ursprungs war, gab folgende Werthe:

Specifisches Gewicht bei 15^0 C. $= 0,822$. Entflammungspunkt (760 B.) $= 34,5^0$ C.

Die fraktionirte Destillation ergab

$$\text{bis } \quad 140^0 \text{ C.} = 5,7 \text{ }^0/_0$$
$$\text{von } 140—270^0 \text{ C.} = 87,5 \text{ }^0/_0$$
$$\text{über } 270^0 \text{ C.} = 6,8 \text{ }^0/_0.$$

Die Bestimmung der Lichtstärke in der oben beschriebenen Beobachtungslampe lieferte folgendes Ergebniss.

	Durchschnittliche Leuchtkraft	Verbrauch an Petroleum in der Stunde
In der ersten Stunde	10,65 Normal-Kerzen	31,0 g
= = zweiten =	10,78 = =	30,0 =
= = dritten =	10,78 = =	32,0 =
= = vierten =	10,82 = =	32,0 =
= = fünften =	10,70 = =	29,0 =
Mittel in einer Stunde	10,74 Normal-Kerzen	30,8 g

Der mittlere Verbrauch beträgt pro Stundenkerze 2,87 g Petroleum.

Nach diesen Ergebnissen, welche innerhalb der zulässigen Beobachtungsfehler völlig mit denjenigen von *U. A. 2500/98* übereinstimmen, konnte das vorliegende Petroleum mit hinreichender Sicherheit als eine sorgfältig raffinirte russische Sorte bezeichnet werden.

U. A. 3070/98. Lucin. Von der Verwaltung der städtischen Feuerwehr war uns eine Probe Lucin zugegangen mit dem Ersuchen, ein Gutachten darüber abzugeben, ob dieses neue Leuchtmaterial zu den Mineralölen und bejahenden Falles, ob es zur Klasse I oder II derselben zu rechnen sei. Die nähere Untersuchung des Lucins ergab folgenden Aufschluss:

Das Lucin ist eine fast farblose, blau fluoreszirende Flüssigkeit vom specifischen Gewicht 0,827 bei 15⁰ C. Der Entflammungspunkt liegt bei dem normalen Barometerstande von 760 mm bei 18⁰ C. Seiner Zusammensetzung nach erwies es sich als eine Mischung von 40 Vol. denaturirtem Spiritus und 60 Vol. Kohlenwasserstoffen. Die letzteren siedeten von 80—270⁰ C. und bestanden im Wesentlichen aus Petroleum-Kohlenwasserstoffen neben geringen Mengen von Benzolkohlenwasserstoffen. Hiernach konnte es einem Zweifel nicht unterliegen, dass dieses Leuchtmaterial zu den Mineralölen der Klasse I im Sinne der Polizei-Verordnung vom 14. Februar 1884 zu rechnen ist.

Leuchtgas, Gaswasser.

Das Leuchtgas wurde an 300 Arbeitstagen untersucht, und zwar wurden wie früher bestimmt: Druck, Lichtstärke und Kohlensäure-Gehalt.

Die Massnahmen, welche wir im Vorjahre ergriffen hatten, um die unerklärlich scheinenden Beträge der Lichtstärke des Gases aufzuklären, haben sich bewährt, insofern wir nicht mehr so häufig auf unwahrscheinliche Werthe stossen, wie früher.

Trotzdem erhalten wir gelegentlich einmal Werthe, welche unter der Norm von 16 Kerzen liegen und sind nunmehr der Ueberzeugung, dass diese Anweichungen Eigenthümlichkeiten sind, welche mit dem Betriebe einer Steinkohlengas-Anstalt untrennbar verbunden sind. Die Versorgung einer Grossstadt mit Leuchtgas ist eine so complicirte Einrichtung, dass sich nicht jedesmal für das Sinken der Leuchtkraft um 1 bis 2 Kerzenstärken auch sogleich ein einleuchtender Grund auffinden lässt.

Monat		Druck des Gases in der Leitung	Lichtstärke des Gases in Kerzen	Gehalt des Gases an Kohlensäure in Vol.-Proc.	Monat		Druck des Gases in der Leitung	Lichtstärke des Gases in Kerzen	Gehalt des Gases an Kohlensäure in Vol.-Proc.
April 1898 .	Maximum	54	18,4	2,8	October 1898	Maximum	50	17,6	2,8
	Minimum	34	16,0	2,3		Minimum	38	14,8	2,1
	Mittel	44	17,2	2,6		Mittel	43	16,0	2,5
Mai ⸗ .	Maximum	54	18,2	2,9	November ⸗	Maximum	46	17,8	2,7
	Minimum	35	16,5	2,2		Minimum	40	16,1	2,1
	Mittel	44	17,5	2,6		Mittel	43	17,3	2,5
Juni ⸗ .	Maximum	50	19,0	3,4	December ⸗	Maximum	46	17,0	2,6
	Minimum	24	15,0	2,3		Minimum	41	14,7	2,1
	Mittel	36	17,0	2,8		Mittel	44	16,3	2,4
Juli ⸗ .	Maximum	60	18,4	3,4	Januar ⸗	Maximum	43	17,4	2,4
	Minimum	36	15,6	2,3		Minimum	40	15,6	2,0
	Mittel	31	17,1	2,7		Mittel	42	16,5	2,2
August ⸗ .	Maximum	64	18,0	2,9	Februar ⸗	Maximum	46	17,3	2,4
	Minimum	36	15,0	2,1		Minimum	40	15,3	2,1
	Mittel	46	17,0	2,6		Mittel	42	16,4	2,2
September ⸗ .	Maximum	60	18,4	3,0	März ⸗	Maximum	52	18,0	2,4
	Minimum	36	16,0	2,2		Minimum	40	15,1	2,0
	Mittel	47	17,1	2,7		Mittel	47	16,8	2,2

Jahresdurchschnitt pro 1898/99.

	Druck des Gases in mm		Lichtstärke des Gases in Kerzen	Kohlensäure-Gehalt in Volum-Proc.
	vor dem Brenner	in der Leitung		
Maximum	2	64	19,0	3,4
Minimum	2	24	14,7	2,0
Mittel	2	42	16,9	2,4

Gaswasser, Gasreinigungsmasse.

A. Gaswasser. 24 Proben, von den städtischen Gaswerken eingeliefert, enthielten folgende Prozentmengen Ammoniak, welche durch Destillation mit Magnesia ausgetrieben werden konnten. Die Zahlen sind nach den Gasanstalten und nach den Monaten geordnet.

I				II		
1,4	1,61	1,55		1,9	1,85	1,69
1,39	1,26	1,68		1,47	1,41	1,30
1,58	1,68	1,63		1,64	1,77	1,71
1,42	1,29	1,19		1,65	2,00	2,08

B. Abgebrauchte Gasreinigungsmassen. Von diesen wurden fünf Proben eingeliefert. Die Werthbestimmung derselben lieferte folgende Zahlen:

	Cyan	Ferrocyankalium $(Fe\,Cy_6\,K_4 + {}_3H_2\,O)$
1) Masse $\frac{1}{2}$ Jahr im Gebrauch	4,76 %	12,87 %
2) „ 1 Jahr „ „	4,48 %	12,11 %
3) „ 2 Jahr „ „	5,40 %	14,66 %
4) „ } Nicht angegeben	{ 5,58 %	15,09 %
5) „ }	{ 5,69 %	15,39 %

Ungebrauchte Gasreinigungsmasse war während des Berichtsjahres nicht eingeliefert worden.

Wasser.

Wie im Vorjahre beschränkte sich auch im Berichtsjahre die im diesseitigen Amte ausgeführte Controle des Leitungswassers darauf, dass vier zu Beginn eines jeden Vierteljahres entnommene Proben analysirt wurden. Die Untersuchung derselben hat folgendes Ergebniss geliefert.

In 1 Liter Wasser waren enthalten g	1. April 1888	4. Juli 1898	3. Octbr. 1898	2. Jan. 1899
Gelöste Stoffe, davon	0,1568	0,2008	0,2344	0,1906
Glühverlust	0,0432	0,0440	0,0352	0,0168
Glührückstand.	0,1136	0.1568	0,1992	0,1738
Chlor.	0,0142	0,0231	0,0248	0,0222
Kieselsäure $Si\,O_2$	0,0088	0,0076	0,0040	0,0106
Schwefelsäure SO_3	0,0170	0,0274	0,0274	0,0229
Calciumoxyd $Ca\,O$	0,0376	0,0528	0,0600	0,0516
Magnesiumoxyd $Mg\,O$	0,0077	0,0086	0,0175	0,0104
Eisenoxyd + Thonerde.	0,0016	Spur	Spur	0,0010
Gesammt-Härte	4,79°	5,75°	7,10°	5,60°
Verbrauch an Kaliumpermanganat . .	0,0215	0,0221	0,0259	0,0195

Die vorbereitenden Arbeiten zur Schaffung einer neuen Grundwasser-Versorgung für Breslau haben inzwischen ihren weiteren Fortgang genommen, so dass in einer absehbaren Reihe von Jahren die gegenwärtige Leitung durch die neue Grundwasserversorgung ersetzt werden dürfte.

Nachdem die Verfahren zur Enteisenung von Grundwasser sich in grösseren Betrieben bewährt haben, gehen auch in Schlesien immer mehr Gemeinden dazu über, ihre Wasserleitungen durch Grundwasser zu speisen, auch wenn dieses einem Enteisenungsverfahren unterworfen werden muss. Unser Amt ist in mehreren Fällen ersucht worden, seine Erfahrungen auf diesem Gebiete auch auswärtigen Gemeinden zur Verfügung zu stellen, und wir möchten an dieser Stelle nicht verfehlen, auf einen Punkt hinzuweisen, welcher die Entscheidung dieser Frage sehr zu vereinfachen geeignet ist.

Für eine kleine Gemeinde ist die Anlage einer centralen Wasserversorgung immer ein verhältnissmässig kostspieliges Unternehmen, und es ist nur zu begreiflich, dass die städtischen Körperschaften sich nur schwer zur Ausführung entschliessen. Dieser Entschluss wird ihnen besonders dann schwer fallen, wenn ihnen zugemuthet wird, dass sie die Ausgaben für das Hereinleiten eines Wassers bewilligen sollen, welches unmittelbar, nachdem es den Erdboden verlassen hat, eisenhaltig ist und nach Schwefelverbindungen riecht. Der Sachverständige „glaubt zwar annehmen zu dürfen", dass diese üblen Eigenschaften des Wassers sich durch eine zweckmässige Durchlüftungs- und Filtrationsanlage werden beseitigen lassen, indessen eine absolute Gewähr dafür kann er nicht geben.

In solchen Fällen hat sich die Aufstellung einer kleinen Versuchsanlage als ein ausgezeichnetes Mittel bewährt, um den interessirten Kreisen zu zeigen, wie ihr Wasser später beschaffen sein wird.

Eine solche Versuchs-Enteisenungs- und Filteranlage lässt sich auf dem Wasserentnahme-Gebiete binnen kurzer Zeit mit einem Kostenaufwande von noch nicht 100 ℳ herstellen. Ist sie richtig konstruirt, so funktionirt sie ebenso gut wie später die Hauptanlage: sie beseitigt den Schwefelgeruch und den Eisengehalt, giebt eine Vorstellung davon, wie die Temperatur des Wassers später sein wird, kurz sie zeigt, wie das Wasser später beschaffen sein wird, welches man in die betreffende Gemeinde einzuführen gedenkt.

Durch dieses einfache Hilfsmittel ist es möglich gewesen, die ursprünglich vorhandenen Bedenken städtischer Behörden und zwar ohne Nachhilfe von unserer Seite so gründlich zu beseitigen, dass aus den Gegnern der Vorlage überzeugungstreue Anhänger derselben wurden. Wir möchten auch darauf aufmerksam machen, dass es sich, wo dies angängig ist, empfiehlt, die betreffenden Versuche einmal in der kalten und das andere Mal während der warmen Jahreszeit anzustellen, da es doch nicht ausgeschlossen erscheint, dass gelegentlich einmal ein Wasser vorkommt, welches sich bei der Enteisenung während der verschiedenen Jahreszeiten verschieden verhält.

Kanalwässer.

Die Untersuchung des Kanalwassers sowie der Rieselwässer erfolgte in monatlichen Zwischenräumen, und zwar wurde in jedem Monate je eine Probe des ungereinigten Kanalwassers bei der Haupt-Pumpstation am Zehndelberge entnommen, während von dem die Rieselfelder verlassenden „Rieselwasser" zwei Proben zur Unter-

P. St. = Canalwasser aus dem Sandfang der Haupt-Pumpstation am Zehndelberge. **Entw. Gr. Ransern** = Rieselwasser aus dem Hauptentwässerungsgraben oberhalb der Pumpstation Ransern. **Entw. Gr. Osw. R.** = Rieselwasser aus dem Haupt-Entwässerungsgraben von der Oswitz-Ransener Grenze.

In 1 Liter Wasser sind enthalten:	April 1898			Mai 1898			Juni 1898			Juli 1898			August 1898			September 1898		
	P. St.	Entw. Gr. Rans.	Osw. R.	P. St.	Entw. Gr. Rans.	Osw. R.	P. St.	Entw. Gr. Rans.	Osw. R.	P. St.	Entw. Gr. Rans.	Osw. R.	P. St.	Entw. Gr. Rans.	Osw. R.	P. St.	Entw. Gr. Rans.	Osw. R.
Suspendirte Stoffe	0,3400	0,0808	0,0368	0,3728	0,0216	0,0084	0,2096	0,0368	0,0216	0,3064	0,0664	0,0400	0,5520	0,0512	0,0624	0,3488	0,0560	0,0216
organische Stoffe	0,0936	—	—	0,2480	—	—	0,1540	—	—	0,2184	—	—	0,3900	—	—	0,2616	—	—
anorganische =	0,2464	—	—	0,1248	—	—	0,0556	—	—	0,0880	—	—	0,1620	—	—	0,0872	—	—
Gelöste Stoffe	0,7312	0,5368	0,5968	0,7840	0,4808	0,5656	0,6405	0,5320	0,5430	0,7480	0,4872	0,5416	0,6952	0,4432	0,4524	0,9700	0,5750	0,5670
organische Stoffe	0,1240	0,0580	0,1384	0,1880	0,0568	0,0800	0,1480	0,0770	0,0898	0,1504	0,0672	0,0864	0,1592	0,0600	0,0656	0,3010	0,0800	0,0830
anorganische =	0,6072	0,4788	0,4584	0,5960	0,4240	0,4856	0,4925	0,4550	0,4532	0,5976	0,4200	0,4552	0,5360	0,3832	0,3868	0,6690	0,4950	0,4840
Chlor	0,1091	0,0968	0,1056	0,1136	0,0994	0,1136	0,0880	0,0916	0,0916	0,0986	0,0880	0,0915	0,1268	0,1091	0,1056	0,1584	0,1109	0,1056
Kieselsäure SiO_2	0,0928	0,0166	0,0174	0,0220	0,0168	0,0126	0,0164	0,0141	0,0136	0,0199	0,0210	0,0262	0,0326	0,0142	0,0134	0,0151	0,0157	0,0146
Schwefelsäure SO_3	0,1116	0,0813	0,0922	0,0637	0,0747	0,0942	0,0882	0,0875	0,0906	0,1225	0,0808	0,1038	0,0831	0,0931	0,0876	0,0783	0,0760	0,0804
Salpetersäure N_2O_5	—	—	0,0215	—	Spur	0,0230	—	0,0062	0,0246	—	—	0,0200	—	0,0015	0,0046	—	—	0,0153
Phosphorsäure P_2O_5	0,0063	—	—	0,0165	—	—	0,0067	—	—	0,0255	—	—	0,0225	—	—	0,0137	—	—
Ammoniak	0,0412	0,0119	0,0052	0,0629	0,0111	0,0060	0,0216	0,0104	0,0035	0,0264	0,0155	0,0025	0,0792	0,0091	0,0060	0,0467	0,0104	0,0026
Gesammt-Stickstoff	0,0434	0,0149	0,0113	0,0644	0,0105	0,0154	0,0392	0,0164	0,0064	0,0307	0,0093	0,0099	0,0687	0,0224	0,0146	0,0481	0,0143	0,0118
Calciumoxyd	0,0894	0,0762	0,0870	0,1088	0,0912	0,0914	0,1056	0,0865	0,0872	0,1206	0,0834	0,0868	0,0889	0,0872	0,0895	0,1136	0,0957	0,0908
Magnesiumoxyd	0,0242	0,0213	0,0214	0,0295	0,0214	0,0205	0,0251	0,0205	0,0197	0,0256	0,0205	0,0208	0,0308	0,0264	0,0192	0,0283	0,0214	0,0204
Eisenoxyd und Thonerde	0,0012	0,0150	0,0066	0,0282	0,0050	0,0058	0,0016	0,0047	0,0050	0,0018	0,0270	0,0222	0,0089	0,0068	0,0071	0,0023	0,0131	0,0120
Gesammt-Härte	8,56°	8,88°	10,10°	14,83°	12,00°	12,00°	12,73°	11,50°	10,50°	12,00°	11,29°	10,50°	11,80°	9,0°	9,50°	12,00°	11,80°	11,66°
Bleibende Härte	5,50°	4,00°	6,50°	9,70°	6,83°	7,44°	5,80°	8,20°	7,00°	6,50°	5,50°	7,30°	8,00°	6,00°	6,50°	4,13°	3,60°	4,37°
$KMnO_4$-Verbr. f. 1 Ltr. Wasser	0,2584	0,0402	0,0356	0,2086	0,0228	0,0240	0,1504	0,0433	0,0313	0,1264	0,0378	0,0378	0,2164	0,0295	0,0265	0,2104	0,0436	0,0289

In 1 Liter Wasser sind enthalten:	October 1898			November 1898			December 1898			Januar 1899			Februar 1899			März 1899		
	P. St.	Entw. Gr. Rans.	Osw. R.	P. St.	Entw. Gr. Rans.	Osw. R.	P. St.	Entw. Gr. Rans.	Osw. R	P. St.	Entw. Gr. Rans.	Osw. R.	P. St.	Entw. Gr. Rans.	Osw. R.	P. St.	Entw. Gr. Rans.	Osw. R
Suspendirte Stoffe	0,5600	0,0288	0,0184	0,3840	0,0336	0,0292	0,4400	0,0296	0,0104	0,4528	0,0384	0,0328	0,5080	0,0376	0,0720	0,4144	0,0572	0,0464
organische Stoffe	0,4440	—	—	0,2704	—	—	0,2852	—	—	0,3504	—	—	0,3384	—	—	0,3224	—	—
anorganische =	0,1160	—	—	0,1136	—	—	0,1548	—	—	0,1024	—	—	0,1696	—	—	0,0920	—	—
Gelöste Stoffe	0,8872	0,6120	0,6064	0,7704	0,5864	0,5560	0,7988	0,5536	0,5280	0,9296	0,5624	0,5320	0,9352	0,5544	0,5528	0,8160	0,5716	0,5640
organische Stoffe	0,2688	0,0608	0,0488	0,1608	0,0872	0,0500	0,1732	0,0416	0,0520	0,2332	0,0464	0,0360	0,1956	0,0320	0,0320	0,1480	0,0768	0,0360
anorganische =	0,6184	0,5512	0,5576	0,6096	0,4992	0,5060	0,6256	0,5120	0,4760	0,6964	0,5160	0,4960	0,7396	0,5224	0,5208	0,6680	0,4948	0,5280
Chlor	0,1584	0,1197	0,1197	0,1349	0,1073	0,1056	0,1331	0,1100	0,1100	0,1707	0,1100	0,1029	0,1843	0,1083	0,1056	0,1473	0,1109	0,1100
Kieselsäure SiO_2	0,0133	0,0140	0,0136	0,0187	0,0124	0,0170	0,0588	0,0164	0,0216	0,0588	0,0138	0,0140	0,0344	0,0194	0,0174	0,0158	0,0179	0,0278
Schwefelsäure SO_3	0,1004	0,0871	0,0972	0,1066	0,0888	0,0920	0,0984	0,0936	0,0688	0,1071	0,0961	0,0916	0,1117	0,0936	0,0988	0,0980	0,0976	0,0996
Salpetersäure N_2O_5	—	—	—	0,0015	—	0,0093	—	0,0051	0,0124	—	0,0124	0,0052	—	0,0085	0,0037	—	0,0082	0,0120
Phosphorsäure P_2O_5	0,0230	—	—	0,0220	—	—	0,0181	—	—	0,0219	—	—	0,0162	—	—	0,0158	—	—
Ammoniak	0,1057	0,0145	0,0079	0,0779	0,0124	0,0097	0,0813	0,0146	0,0174	0,0871	0,0098	0,0098	0,0746	0,0089	0,0109	0,0772	0,0138	0,0110
Gesammt-Stickstoff	0,1025	0,0152	0,0065	0,0653	0,0151	0,0141	0,0798	0,0143	0,0159	0,0749	0,0098	0,0098	0,0738	0,0102	0,0127	0,0866	0,0237	0,0113
Calciumoxyd	0,1022	0,0984	0,1036	0,1236	0,0973	0,0995	0,1326	0,0934	0,0862	0,0754	0,0924	0,0954	0,1149	0,0850	0,0914	0,0682	0,0989	0,0906
Magnesiumoxyd	0,0289	0,0212	0,0240	0,0262	0,0191	0,0195	0,0230	0,0219	0,0211	0,0326	0,0207	0,0202	0,0271	0,0213	0,0226	0,0245	0,0221	0,0220
Eisenoxyd und Thonerde	0,0017	0,0032	0,0012	0,0012	0,0044	0,0027	0,0035	0,0044	0,0046	0,0051	0,0062	0,0070	0,0017	0,0080	0,0028	0,0012	0,0042	0,0058
Gesammt-Härte	12,66°	12,17°	11,38°	15,78°	10,53°	10,30°	12,46°	10,05°	9,05°	11,84°	9,05°	8,52°	9,32°	8,78°	8,78°	8,52°	9,57°	8,75°
Bleibende Härte	10,72°	6,20°	6,72°	7,31°	3,86°	4,50°	8,76°	4,30°	4,55°	9,44°	5,89°	5,62°	5,36°	5,10°	4,05°	3,31°	5,41°	5,62°
$KMnO_4$-Verbr. f. 1 Ltr. Wasser	0,2591	0,0418	0,0208	0,1832	0,0289	0,0214	0,2292	0,0391	0,0310	0,2837	0,0280	0,0247	0,3188	0,0624	0,0627	0,2749	0,0333	0,0394

suchung gelangten, nämlich je eine Probe aus den Hauptentwässerungsgräben oberhalb der Pumpstation Ransern und an der Oswitz-Ranserner Grenze.

Als Ergebniss dieser, eine Kontrole der Thätigkeit der Rieselfelder darstellenden, fortlaufenden Untersuchungen kann verzeichnet werden, dass die Rieselung bei günstiger Witterung zufriedenstellende Resultate liefert, und dass nur gelegentlich während der kalten Jahreszeit die Resultate weniger günstige sind.

Kesselspeisewasser.

Die Untersuchung von Kesselspeisewässern hat uns Gelegenheit zu einer wichtigen Beobachtung gegeben, die eigentlich selbstverständlich ist, welcher aber in der Praxis nicht die erforderliche Aufmerksamkeit zugewendet wird. Es mögen daher diese Verhältnisse hier näher erörtert werden.

U. A. 18/99. Kesselspeisewasser. Eine schlesische Thonröhrenfabrik hatte zwei Kessel im Betriebe, von denen jeder sein Wasser aus einem besonderen Brunnen erhielt. An dem einen dieser Kessel, welcher überhaupt erst zwei Jahre im Betriebe war, zeigten sich derartig ausgedehnte Zerstörungen, dass der Kessel ausser Betrieb gesetzt werden musste. Die Zerstörungen bestanden in Corrosionen an solchen Stellen, die nur bei vollem Kessel mit Wasser bedeckt waren.

Die Untersuchung des Speisewassers gab folgende Werthe. In einem Liter sind enthalten:

Gelöste Stoffe	0,4824	Schwefelsäure (SO_3)	= 0,0788
Glührückstand	0,3568	Salpetersäure (N_2O_5)	= 0,0864
Glühverlust	0,1256	Kalk (CaO)	0,0856
Chlor	0,0513	Magnesia (MgO)	0,0156
Ammoniak	0	Salpetrige Säure	= 0

Durch den unten zu beschreibeuden Versuch konnte festgestellt werden, dass der Verdampfungsrückstand des Wassers beim Ueberhitzen beträchtliche Mengen von Stickoxyden entwickelte; durch diese Thatsache war die zerstörende Einwirkung des Speisewassers auf den Kessel hinreichend erklärt.

U. A. 404/99. Kesselspeisewasser. Zwei Kessel einer schlesischen Papierfabrik waren nach einer Betriebszeit von zwei bis drei Jahren soweit zerstört, dass sie ausser Betrieb gesetzt werden mussten. In einem Falle erwiesen sich zwölf starke Nieten, welche an der Wassergrenze angebracht waren, als völlig zerstört.

Der Abdampfrückstand des Wassers betrug pro Liter 0,5768 g, der Glührückstand 0,5012 g, der Glühverlust 0,0756 g. Der Abdampfrückstand bestand in der Hauptsache aus Calciumchlorid, Magnesiumchlorid und Calciumnitrat und entwickelte beim Ueberhitzen reichliche Mengen saurer Dämpfe, welche vorwiegend aus Salzsäure, zum geringeren Theile aus Stickstoffoxyden bestanden.

Ein quantitativer Versuch ergab, dass aus 1 Cubikmeter des Wassers nicht weniger als 17 g Chlorwasserstoff entbunden werden konnten. Hiernach war in diesem Falle die in Freiheit gesetzte Salzsäure für die Zerstörungen verantwortlich zu machen.

U. A. 579/99. Betrifft ein Wasser, welches zur Speisung der Dampfkessel einer Schlachthofanlage in Aussicht genommen worden war. Das Ergebniss der analytischen Untersuchung war folgendes:

In einem Liter des Wassers waren enthalten:

Abdampfrückstand	0,2096	Salpetersäure (N_2O_5)	0,0400
Glühverlust	C,0512	Salpetrige Säure (N_2O_3)	
Glührückstand	0,1584	Ammoniak (NH_3)	} 0
Chlor	0,0121	Gesammthärte 5,90° deutsch.	
Schwefelsäure (SO_3)	0,0556		

Auch in diesem Falle entwickelte der Abdampfrückstand saure, zum grössten Theile aus Stickstoffoxyden bestehende Dämpfe. Durch einen quantitativen Versuch wurde festgestellt, dass durch Ueberhitzen des Abdampfrückstandes von 1 Liter Wasser die 0,037 g Salpetersäure (N_2O_5) entsprechende Menge von Stickstoffoxyden in Freiheit gesetzt wurde, mit anderen Worten also rund 92 Procent der in dem Abdampfrückstand des Wassers überhaupt vorhandenen Salpetersäure.

Aus den vorstehenden Versuchen ergiebt sich, dass zerstörende Einwirkungen auf Dampfkessel von solchen Wässern zu erwarten sind, welche Salze enthalten, aus denen beim Ueberhitzen des Abdampfrückstandes saure Dämpfe entwickelt werden. Von diesen kommen hierbei besonders in Betracht die Chloride und Nitrate des Calciums und Magnesiums.

Die Feststellung, ob ein gegebenes Wasser voraussichtlich Dämpfe abgeben wird, welche geeignet sind, zerstörend auf Kesselwandungen einzuwirken, empfehlen wir auf experimentellem Wege zu treffen, unter thunlichster Nachbildung der beim Speisen von Dampfkesseln obwaltenden Verhältnisse. Wir verfahren wie folgt:

Ein Liter des Wassers wird in einer Platinschale bis zu einem Flüssigkeitsrest von etwa 60—80 ccm abgedampft. Diesen Flüssigkeitsrest führt man in einen Fraktionskolben von etwa 250 ccm Fassungsraum über. Der Fraktionskolben hat ein Luftzuführungsrohr, welches bis dicht über den Flüssigkeitsspiegel führt, und welches gestattet, einen durch Kalilauge gewaschenen Luftstrom eintreten zu lassen. Man destillirt nun unter Vorlage eines Kühlers das Wasser bis auf etwa 10 ccm ab, legt alsdann eine Péligot-Röhre vor, welche mit 20 ccm $^1/_2$ Normal-Kalilauge gefüllt ist, destillirt bis zur Trockne und erhitzt alsdann den trocknen Verdampfungsrückstand bis zur Zersetzung der Salze. Bei Anwesenheit zersetzbarer Nitrate treten die charakteristischen braunen Stickstoffoxyde auf, welche durch Durchsaugen eines Luftstromes noch deutlicher werden und durch den Luftstrom in die vorgelegte Kalilauge übergeführt werden. Nach Beendigung der Zersetzung lässt man noch etwa 10 Minuten Luft durch den Apparat hindurchstreichen. Alsdann löst man die Verbindungen und titrirt den Ueberschuss von Kalilauge unter Benützung von Methylorange als Indikator mittelst $^1/_2$ Normal-Säure zurück. Wählt man Schwefelsäure zum Zurücktitriren, so ist man in der Lage, alsdann noch in aliquoten Theilen der titrirten Flüssigkeit das Chlor und die Salpetersäure gesondert zu bestimmen.

Nachdem wir in dieser Weise die Ursachen für die Zerstörung von Dampfkesseln festgestellt haben, werden wir nunmehr aufzuklären versuchen, in welchem Grade die Abgabe saurer Dämpfe verhindert werden kann durch Anwendung eines geeigneten Reinigungsverfahrens für die Kesselspeisewässer. Wir glauben übrigens, dass es möglich sein wird, diese Schädlichkeiten zu beseitigen, und möchten den Umstand, dass solche Zerstörungen nicht häufiger beobachtet werden, der Thatsache zuschreiben, dass schon heut zum Zwecke der Beseitigung von Kesselsteinbildnern in vielen Betrieben Reinigungsverfahren in Gebrauch sind, welche zugleich die Nitrate und Chloride unschädlich machen.

Gebrauchsgegenstände.

Bei den Gebrauchsgegenständen macht sich, je länger je mehr das Bestreben der Fabrikanten geltend, da wo klare gesetzliche Bestimmungen bestehen, diese zu erfüllen. So geben Gebrauchsgegenstände nur in sehr vereinzelten Fällen Veranlassung zur Beanstandung.

U. A. 1139/98. Bierseidel. Der Deckel desselben enthielt 39,99 Proc., der Beschlag 55,5 Proc. Blei.

U. A. 1135/98. Lampenschirm. Ein grüner Lampenschirm war mit einer arsenhaltigen Farbe gefärbt. In 100 ☐ cm waren 0,0092 g Arsen (As) anwesend. Da neben Arsen auch noch Kupfer nachgewiesen wurde, so war anzunehmen, dass beide in der Form des Schweinfurter Grüns zugegen waren.

Von diesen vereinzelten Fällen abgesehen konnte insbesondere auf den offenen Märkten gelegentlich der Revisionen derselben das Fehlen verdächtiger Gebrauchsgegenstände festgestellt werden. — Eine strittige Frage bildete während des Berichtsjahres die Beurtheilung der Metall-Pfeifen.

Metall-Pfeifen. Durch Circular-Verfügung vom 8. April 1898 wiesen die Herren Minister der geistlichen etc. Angelegenheiten, des Innern und des Handels und der Gewerbe darauf hin, dass zur Zeit unter dem Namen „Trillerpfeifen“, „Torpedopfeifen“ und „Schreihähne“, Metall-Pfeifen im Handel seien, welche einen sehr hohen Bleigehalt aufwiesen. Der bestimmungsgemässe Gebrauch dieser Pfeifen erscheine nicht unbedenklich, deshalb sei der Verkehr mit diesen Pfeifen zu überwachen. Soweit sich dieselben als Spielzeug charakterisirten, werde sich das Nahrungsmittelgesetz anwenden lassen. Gegen die zu gewerblichen und wirthschaftlichen Zwecken dienenden Signalpfeifen werde sich dieses Gesetz zunächst nicht anwenden lassen, deshalb solle in dieser Beziehung durch öffentliche Warnungen Abhilfe geschaffen werden.

In Ausführung dieser Verfügung wurden auch in Breslau eine Anzahl solcher Pfeifen angekauft und auf ihren Bleigehalt untersucht. Derselbe betrug: 30,45 %, 38,10 %, 81,4 %, 82,30, %, 88,4 %, 90,0 %.

In einem Falle wurde ein gerichtliches Verfahren eingeleitet, welches indessen zur Freisprechung führte. Der Gerichtshof war der Meinung, dass die Frage der Gesundheitsschädlichkeit dieser Pfeifen nicht mit absoluter Sicherheit bejaht werden könne, nachdem in einem ähnlichen Verfahren von dem königlichen Landgerichte Berlin Freisprechung erfolgt war.

Dort war ein „Schreihahn“ von dem Chemiker des Königl. Polizei-Präsidiums Dr. Bischoff als gesundheitsschädlich beanstandet worden, weil er — aus Hartblei bestehend — einen Bleigehalt von 81,2 % aufwies, während die Sachverständigen Dr. Jeserich, Professor Liebreich und Dr. Long den ordnungsmässigen, gewöhnlichen (d. i. bestimmungsgemässen) Gebrauch solcher Pfeifen als nicht gesundheitsschädlich erklärten.

Liebreich hat zur Beantwortung dieser Frage Versuche mit Kaninchen-Speichel angestellt und hierüber folgendes angegeben:

Lasse man Hartblei in Kaninchen-Speichel verweilen, so zeige sich selbst nach einer Stunde keine Spur von Lösung. — Soweit also lediglich die auflösende Wirkung des Speichels auf das Blei in Betracht komme, könne eine gesundheitsschädliche Wirkung dieser Pfeifen bei deren bestimmungsgemässen Gebrauche nicht behauptet werden.

Andererseits habe er beobachtet, dass sich das Metall dieser Schreihähne sehr leicht an den Zähnen abreibe, und dass diese abgeriebenen Theilchen durch Semmel leicht wieder von den Zähnen entfernt werden könnten. Mithin könnten kleine Partikel metallischen Bleies auf diesem Wege in den Magen der Kinder gelangen. Geschehe dies, so könne das in den Organismus gelangte Blei allerdings eine schädliche Wirkung ausüben.

Doch sei die Gefahr einer gesundheitsschädlichen Wirkung bei dem hier in Frage stehenden Material aus Hartblei nicht grösser als bei den nach dem Gesetz ausdrücklich gestatteten Bleilegirungen für Ess- und Trinkgeschirre und Saugpfropfen.

Nach diesem Gutachten, welchem sich die oben erwähnten Sachverständigen anschlossen, erfolgte die Freisprechung des Angeklagten mit folgender Begründung:

„Nach diesem durch die eigenen Angaben des Angeklagten sowie die Gutachten des vernommenen Sachverständigen erwiesenen Sachverhalt konnte eine thatsächliche Feststellung im Sinne des Eröffnungsbeschlusses nicht getroffen werden. Denn es kann nicht als gesundheitsgefährlich im Sinne des Gesetzes ein Fabrikat angesehen werden, das nur eine gleich entfernte Möglichkeit, die menschliche Gesundheit zu schädigen enthält, als vom Gesetz ausdrücklich erlaubte Fabrikate.“

Wir haben nach dieser Erfahrung zwar noch solche Pfeifen untersucht, den in Frage stehenden Behörden aber zugleich mitgetheilt, dass eine strafrechtliche Verfolgung dieser Fälle so lange aussichtslos erscheine, als die Gesundheitsschädlichkeit dieser Pfeifen nicht einwandsfrei — etwa durch ein Gutachten unserer obersten Medicinalbehörde — festgestellt sei.

Forensische bez. toxicologische Untersuchungen.

U. A. 604/98. Selbstmord durch Arsenik. Ein Comptoirdiener hatte in einem Anfall vom Melancholie Selbstmord durch Arsenik, welches ihm zugänglich war, verübt. Die Vertheilung des Giftes war in diesem Falle, bei dem alle Organtheile thunlichst getrennt gehalten worden waren, folgende:

1) Aus	235	g	Mageninhalt	0,948 g As_2O_3
2) „	1470	„	Magen, Dick- und Dünndarm	0,1694 „ „
3) „	110	„	Inhalt des Dickdarmes	0,0185 „ „
4) „	520	„	Inhalt des Dünndarmes	0,1170 „ „
5) „	1180	„	Lunge und Herz	0,0457 „ „
6) „	1555	„	Leber, Nieren	0,1561 „ „
7) „	1565	„	Gehirn	0,0124 „ „

Sa.   1,4671 g As_2O_3

U. A. 696/98. Carbolsäure-Vergiftung. Ein Kind hatte aus Versehen einige Schlucke dreiprocentiges Carbolwasser getrunken und war nach mehreren Tagen trotz ärztlicher Behandlung verstorben. Auch in diesem Falle war die Anwesenheit von Carbolsäure nicht mehr festzustellen.

U. A. 1223/98. Sprengmittel. Ein Kupferzündhütchen war übergeben worden zur Feststellung, ob dasselbe zu den Schiessmitteln oder zu den Sprengmitteln im Sinne der Bekanntmachung vom 13. März 1885 zu rechnen sei.

Das gefüllte Zündhütchen war 15 mm lang, von 5 mm lichter Weite, hatte im gefüllten Zustande ein Gewicht von 0,9014 g und enthielt 0,2 g reines Knallquecksilber.

Ein solches Zündhütchen wird in Bergwerken zum Entzünden von Dynamitpatronen gebraucht und eignet sich nicht zum Abfeuern von Handfeuerwaffen. Es musste deshalb als Sprengmittel begutachtet werden.

U. A. 1402/98. Vergifteter Kaffee. Ein etwa 70jähriger Auszügler hatte den Entschluss gefasst, seine Tochter — eine Wittwe — zu tödten, um deren Anwesen an sich zu bringen. Zu diesem Zwecke schüttete er ihr ein Quantum Arsenik in den Vesper-Kaffee. Nach dem Genuss desselben erkrankte die Tochter zwar, indessen wurde sie wieder hergestellt. — In dem Kaffee wurden rund 5,0 g Arsenik gefunden.

Und zwar war im vorliegenden Falle der Arsenik nicht rein, sondern er enthielt 1,604 Proc. Schwefelarsen (As_2S_3), eine Verunreinigung, welche durch alle Ueberführungsstücke hindurch zu verfolgen war.

Der Verdacht, dass der Thäter auch schon seinen vor 2 Jahren unter verdächtigen Umständen verstorbenen Schwiegersohn durch Arsenik ermordet habe, wurde durch die Untersuchung der exhumirten Leiche desselben nicht bestätigt.

U. A. 1521/98. Vergifteter Käse. In 125 g Weichkäse (Quarg), welcher bestimmt war, als Nahrungsmittel verwendet zu werden, waren in verbrecherischer Absicht 0,0073 g weisser, giftiger Phosphor, wahrscheinlich in Gestalt von Zündholzköpfchen, hineingebracht worden.

U. A. 2600/98. Vergiftung durch Chloralhydrat. Einer geistesschwachen Frau war folgende Arznei verordnet worden: Chloralhydrat 16,0 Morphinchlorhydrat 0,15, Wasser 160,0 Sirup 20,0. Von dieser Arznei hatte sie am Abend vorher einen Esslöffel erhalten; am nächsten Morgen war sie verstorben. Ob sie mehr als diesen einen Esslöffel genommen hatte, war nicht mit Sicherheit festzustellen. Der chemische Befund widersprach jedoch dieser Annahme.

Bei dem 7 Tage nach dem Tode erfolgten Eingange der Leichentheile waren diese in starker Fäulniss begriffen; Chloralhydrat bez. Chloroform war lediglich im Magen, Speiseröhre, Zwölffingerdarm nur in Spuren, Morphin überhaupt nicht nachzuweisen. Eine quantitative Bestimmung des Chloralhydrats war nicht möglich.

U. A. 2845/98. Vergiftete Speisen. In einem Dorfe des schlesischen Gebirges hatte ein Arbeiter in dem Essen, welches ihm seine Frau zubereitet hatte, verdächtig gefärbte Holzreste aufgefunden. Die Untersuchung der Speisereste (Klösse) ergab, dass in der That an 6—7 Stellen rothe Flecken aufsassen, welche wahrscheinlich von Zündholzköpfen herrührten, denn die weitere Untersuchung ergab die Anwesenheit kleiner aber deutlich nachweisbarer Mengen von Phosphor, dessen Menge schätzungsweise 0,001—0,002 g betragen mochte.

Es wurde Anklage wegen Mordversuchs erhoben und die Frau, obwohl sie den Einwand machte, es seien ihr zufällig einige Zündhölzer ins Essen gerathen, zu einer empfindlichen Freiheitsstrafe verurtheilt.

U. A. 2965/98. Cocainvergiftung? Ein junges Mädchen war während einer lebensgefährlichen Operation plötzlich verstorben. Vor derselben hatte sie eine Injection einer angeblich 10procentigen Cocainchlorhydratlösung erhalten. Es sollte festgestellt werden, ob die benutzte Cocainlösung 10procentig und rein war und ob in den Organtheilen sich Cocain oder ein anderes Gift nachweisen lasse, d. h. ob eine Arzneiverwechselung vorliege.

Die Lösung enthielt 9,35 Procent wasserfreies Cocainchlorhydrat. Dasselbe war rein, denn die daraus abgeschiedene freie Base schmolz bei 95⁰ C.

Aus den festen Organtheilen konnte keinerlei Gift, auch Cocain nicht, abgeschieden werden. Dagegen wurden aus 180,0 g Blut 0,001 g einer Base abgeschieden, welche die Zungennerven anästhesirte, und ein krystallisirtes Permanganat sowie Chromat gab. Hiernach musste diese Base als Cocain angesprochen werden.

U. A. 174/99. Vergiftete Speisen. Nach dem Mittagessen waren die drei Mitglieder eines Haushaltes unter Vergiftungserscheinungen erkrankt. Die Mutter, welche das Essen selbst bereitet hatte, starb nach kurzer Zeit, die beiden anderen Familienmitglieder wurden schwer erkrankt nach einem Krankenhause geschafft.

Obwohl die Symptome der Erkrankten zunächst den Verdacht einer Fleischvergiftung wachriefen, so wurde doch die chemische Untersuchung der Leichentheile der Verstorbenen angeordnet, und diese ergab auffälligerweise das Vorhandensein von Arsenik.

Gefunden wurden in:

$$
\begin{array}{lll}
560 \text{ g Magen und Inhalt} & \ldots\ldots\ldots & = 0,09 \text{ g } As_2O_3 \\
1600 \text{ ,, Herz, Lunge und Blut} & \ldots\ldots & = 0,024 \text{ ,, ,,} \\
2000 \text{ ,, der grossen Unterleibsdrüsen} & \ldots & = 0,063 \text{ ,, ,,}
\end{array}
$$

Nicht nachgewiesen wurde Arsen im Gehirn.

Von den genossenen Speisen bez. den zur Bereitung der Mahlzeit benutzten Materialien wurden eingeliefert:

1) **Reste des Kalbsbratens.** Diese enthielten eine Spur Arsen, doch war die Menge desselben quantitativ nicht bestimmbar.

2) **Bratpfanne mit Sauceresten.** Dieselbe war frei von Arsen.

3) **Mehl.** Arsen war nur in Spuren zugegen.

4) **Butter.** Dieselbe erwies sich als frei von Arsenik.

Dieser Befund war um so auffälliger, als in dem Magen der Mutter noch kleine Körnchen von arseniger Säure aufgefunden wurden.

In diesem Falle wurde der Nachweis der Arsenvergiftung so zeitig geführt, dass das Ergebniss noch von Einfluss auf die Behandlung der Erkrankten werden konnte, welche beide binnen kurzer Zeit genasen. In welcher Weise aber der Arsenik in das Essen gelangt ist, konnte nicht festgestellt werden.

U. A. 187/99. Carbolsäure-Vergiftung. Ein wenige Tage altes Kind hatte in Folge Verwechslung einige Tropfen 90 procentiger Carbolsäure eingeflösst erhalten und war, trotzdem ärztliche Hilfe sofort in Anspruch genommen wurde, etwa 8 Stunden darauf verstorben.

Die Untersuchung verlief in diesem Falle völlig negativ. Es konnte, trotzdem ziemlich alle Organtheile des Kindes zur Untersuchung gestellt waren, auch nicht eine Spur Carbolsäure nachgewiesen werden.

Das Unglück ist im vorliegenden Falle zumeist dadurch verursacht worden, dass die concentrirte Carbolsäure von einer Drogenhandlung in einem Ungarweinfläschchen abgegeben worden war.

U. A. 203/99. Brandstiftungsobjekte. In einer Untersuchungssache wegen Brandstiftung wurden uns neben anderen Objekten auch mehrere Brettschwarten übersendet. Es sollte festgestellt werden, ob diese mit Petroleum getränkt worden seien. Diese Frage war subjektiv zu bejahen, denn die Bretter rochen deutlich nach Petroleum, und auch der objektive Beweis dafür war unschwer zu erbringen.

Die durchtränkten Partien der Bretter wurden in Spähne verwandelt und diese einer ausgiebigen Destillation im Wasserdampfstrome unterworfen. Mit dem überdestillirenden Wasser gingen bei allen Versuchen Oeltröpfchen über, welche sich an der Oberfläche des Destillates als bläulich fluorescirende Schicht ansammelten.

Die Destillate wurden mit Aether ausgeschüttelt und die ätherischen Ausschüttelungen der freiwilligen Verdunstung überlassen. Es hinterblieb ein Oel, welches nach dem Entwässern mit Calciumchlorid seiner Hauptmenge nach bei $140-270^0$ C. überging, brennbar und optisch inactiv war und alle Eigenschaften des Petroleums besass.

Es machte in diesem Falle keine Schwierigkeit, etwa 20 ccm Petroleum als corpus delicti zu sammeln, und es wäre erforderlichen Falles möglich gewesen, noch mehr abzuscheiden.

U. A. 235/99. Vergiftung durch Löthwasser. Ein mehrjähriges Kind hatte in Folge mangelhafter Beaufsichtigung aus einer Flasche mit Löthwasser getrunken und war in Folge dessen verstorben.

Nach dem noch vorhandenen Reste des Löthwassers bestand dasselbe aus einer 44procentigen Auflösung von basischem Zinkchlorid. Freie Salzsäure war in dem Löthwasser nicht vorhanden.

Die Untersuchung der Organtheile gab folgendes Resultat:

Aus 494 g des Verdauungskanales wurden 0,0091 g Zinkoxyd abgeschieden. Dagegen erwiesen sich als frei von Zinkverbindungen Herz, Blut, Lungen, ferner Milz, Leber, Nieren, endlich das Gehirn.

Wie die Section ergab, war der Tod infolge Verätzung der ersten Wege eingetreten, Resorption des Zinksalzes war nicht erfolgt.

U. A. 484/99. Fleischbrocken mit Strychnin. Ein Fleischbrocken, der in dem Magen eines verendeten Hundes aufgefunden worden war, erwies sich als mit brucinhaltigem Strychnin vergiftet.

Wir benützen diese Gelegenheit, um darauf aufmerksam zu machen, dass nach unserer Erfahrung dasjenige Strychnin, welches zum Vergiften von Ungeziefer und Raubzeug gegenwärtig in den Handel kommt, fast durchweg stark brucinhaltig ist. Da dies im strafrechtlichen Verfahren unter Umständen zum Beweise für die Identität oder Nicht-Identität zweier Strychninsorten von Wichtigkeit werden kann, wird der Experte gut thun, das von ihm abgeschiedene Strychnin in allen Fällen auf einen Brucingehalt zu prüfen.

U. A. 556/99. Selbstmord durch Arsenik. Ein Kaufmann hatte seinem Leben durch Einnehmen von Rattengift, und zwar einer Mischung von Arsenik und Kohle, ein Ende gemacht.

Es wurden abgeschieden:

1) Aus   395 g Mageninhalt . . . .   11,500 g As_2O_3
2) „   1580 „ Verdauungskanal, Darminhalt   0,810 „   „
3) „   1110 „ Herz, Lunge, Blut . . . . . .   0,608 „   „
4) „   2010 „ Leber, Milz, Nieren . . . . .   0,945 „   „
5) „   1150 „ Gehirn . . . .   Spur

Sa.   13,863 g As_2O_3

Es sind dies die höchsten Zahlen resorbirten Arsens, welche uns in unserer toxikologischen Praxis bisher vorgekommen sind.

U. A. 1830/98. Vergiftete Hühner. Auf einem Hühnerhofe waren zur gleichen Zeit eine grössere Anzahl Hühner eingegangen. Da der Verdacht einer Vergiftung rege wurde, so wurden zwei der Hühner untersucht.

In dem Inhalte des Kropfes eines Huhnes, welcher 14 g wog, wurden 0,05 g Arsenige Säure nachgewiesen.

U. A. 837/98. Vergiftetes Vogelfutter. Ein durch das Königl. Polizei-Präsidium eingeliefertes Vogelfutter, durch welches eine grössere Anzahl Sperlinge getödtet worden war, erwies sich als mit Strychnin vergiftet.

Verschiedenes.

U. A. 380/98. Prähistorische Broncen. Seitens der Verwaltung des Museums schlesischer Alterthümer wurden 9 Proben prähistorischer Broncen zur Untersuchung übergeben. Die Untersuchung sollte thunlichst auch die in geringen Mengen vorhandenen Bestandtheile feststellen, da man hoffte, aus der Zusammensetzung der Broncen einen Anhalt über ihre Herkunft zu erhalten. Das ist auch insofern eingetroffen, als die Analyse in diesen Broncen die Anwesenheit grösserer oder geringerer Beimengungen von Antimon ergeben hat, welche als ein Zeichen für ihre Herkunft aus dem Osten gedeutet werden.

Technisch bot diese Untersuchungsreihe insofern einige Schwierigkeiten, als in jedem Falle nur etwa 2,0 g Material zur Verfügung standen. Trotzdem gelang es unter Einhaltung eines bestimmten Ganges und unter ausgiebiger Benutzung elektrolytischer Methoden die Aufgabe so weit zu lösen, dass sogar zum Theil Doppelbestimmungen ausgeführt werden konnten. Zu den in folgender Tabelle aufgeführten Analysen muss noch bemerkt werden, dass Nr. 1 stark oxydirt war, woraus die hier bestehende Differenz von rund 1,5 Proc. zu erklären ist.

	I	II	III	IV	V	VI	VII	VIII	IX
	Piltsch	Glogau	Piltsch	Namslau	Piltsch	Weisdorf Jätzdorf	Scheitnig	Piltsch	Glogau
Kupfer	84 80	96,20	87,70	89,92	89,83	86,62	92,94	89,47	93,46
Zinn	12,90	0,48	10,82	8,96	9,58	11,02	3,60	10,05	3,31
Antimon . . .	0,71	0,87	1,21	0,72	0,48	1,28	1,83	0,46	2,23
Blei	0	0,54	0	0	0	Spur	Spur	0	0
Silber	0	1,28	0	0	0	1,04	1,07	0	0,79
Eisen	Spur	0	Spur	Spur	0	Spur	Spur	Spur	0
Zink	0	Spur	0	0	0	0	0	0	0
Summe . .	98,41	99,37	99,73	99,60	99,89	99,96	99,44	99,98	99,79

U. A. 268/99. Extrafeiner Gebirgs-Himbeersaft. Ein Breslauer Destillateur hatte nach seiner eigenen Angabe einen von ihm unter der Bezeichnung „Extrafeiner Gebirgshimbeersaft" verkauften Himbeersirup nach folgendem Recept hergestellt:

Zucker . . .	90 kg
Kirschsaft . .	5 Liter
Himbeersaft .	55 „
Wasser . . .	17 „
Sa.	167 kg.

Es wurde uns seitens des Gerichtshofes die Frage vorgelegt, ob dieses Verfahren gegen das Nahrungsmittelgesetz verstosse. Wir gaben darauf unser Gutachten dahin ab, dass in diesem Falle dem Himbeersafte 22 Procent Wasser zugesetzt seien, und dass dies etwa ebensoviel bedeute, als ob der fertige Himbeersirup mit 22 Procent Zuckersirup versetzt worden wäre. In diesem Zusatz von Wasser bez. Zuckersirup müsse eine Fälschung eines Genussmittels erblickt werden, wenn das fertige Produkt unter obiger Bezeichnung und unter Verschweigung des Zusatzes verkauft werde.

Ein als Sachverständiger geladener Breslauer Grossdestillateur begutachtete, im Breslauer reellen Handel kenne man:

1) Muttersaft, d. h. Himbeersaft, wie er direct durch Pressen der zerkleinerten Himbeeren erhalten werde.
2) Gewöhnlichen Himbeersaft. Dieser werde in Breslau noch als „rein" angesehen, wenn ihm bis zu 33 Proc. von der „Nachpresse," d. h. dem Ergebniss der unter Zuguss von Wasser vorgenommenen zweiten Auspressung der Kuchen, zugesetzt wurde. Der in Frage stehende Himbeersaft sei nur mit 22 Procent Wasser versetzt worden, er hätte also, um der Bezeichnung „rein und unverfälscht" zu genügen, noch einen Zusatz von 11 Proc. Wasser vertragen.

Unter diesen Umständen beschloss der Gerichtshof, ein Gutachten der Breslauer Handelskammer einzuholen.

Dieses lautete dahin, dass in Breslau unter reinem Himbeersaft nicht nur der durch erstmaliges Pressen der Beeren gewonnene Saft verstanden werde, sondern auch das Erzeugniss der Mischung dieses Saftes mit dem durch Nachpressen unter Uebergiessen mit heissem Wasser gewonnenen, der „Nachpresse". Ein Zusatz von Wasser zu diesem bereits gemischten Erzeugniss sei unzulässig. Falls aber die 17 Liter Wasser zu 55 Liter Muttersaft (wie der Angeklagte behauptet hatte) zugesetzt worden seien, so könne das noch nicht als das zulässige Maass übersteigend bezeichnet werden. Ob ein so hergestelltes Erzeugniss noch als „Extrafeiner Gebirgs-Himbeersaft" bezeichnet werden dürfe, darüber seien die Meinungen in den Breslauer Handelskreisen getheilt.

Es erfolgte Freisprechung; der Gerichtshof nahm an, der Angeklagte habe nicht die Absicht und das Bewusstsein gehabt, durch den Zusatz des Wassers zu täuschen.

Als logische Folgerung aus den mitgetheilten Thatsachen ergiebt sich, dass, wer in Breslau reinen Himbeersaft oder reinen Himbeersirup kauft, damit rechnen muss, dass demselben auf dem Wege der Nachpresse bis zu 33 Proc. Wasser bez. Zuckersirup zugemischt worden ist.

U. A. 557/99. Verdorbenes Cacao-Pulver. Cacao und Cacao-Präparate bürgern sich auch in Deutschland als Volks-Nahrungsmittel immer mehr ein und bedürfen daher mehr wie früher der Aufsicht. Wir haben nun bisher die Erfahrung gemacht, dass besonders die billigen Sorten von Cacaopulver, welche gerade wegen ihres niedrigen Preises den Verdacht einer Fälschung wachriefen, rein, besonders aber frei von Schalen waren. Zugleich haben wir die Beobachtung gemacht, dass die gegenwärtig im Handel befindlichen billigeren Sorten von Cacao sich durch besonderen Reichthum an Cacao-Stärke auszeichnen.

Eine eines Zusatzes von Cacaoschalen verdächtige Probe Cacaopulver erwies sich als völlig frei von Cacaoschalen, musste aber aus einem besonderen Grunde als verdorben bezeichnet werden. Die Untersuchung desselben lieferte nämlich folgende Zahlen:

Wasser . . . . 4,8 %

Trockenrückstand . . . . 95,2 „

Asche . . . . 8,1 „

darunter: in Salzsäure unlöslich . . . . 0,5 „

Gesammt-Stickstoff . . . . 3,99 „

Fett . . . . 17,8 „

Rohfaser . . . . 5,03 „

Der Schmelzpunkt des Fettes lag bei 32,0—33,6° C., der Erstarrungspunkt bei 24—22° C.

Der Cacao war zwar unverfälscht, aber durch 0,5 Proc. Sand verunreinigt, welcher aus neuen Mahlgängen herstammte und sich beim Genuss unangenehm bemerkbar machte. Er wurde als verdorben erklärt und aus dem Verkehr zurückgezogen.

U. A. 355/99. Sodahaltiger Zucker. Aus einem hiesigen Verkaufslager war eine grössere Menge Farinzucker bezogen worden, nach dessen Genuss in einer Familie Uebelkeit beobachtet wurde. Die Untersuchung ergab, dass dieser Zucker mit nicht unbeträchtlichen Mengen einer klein krystallisirten Soda vermengt war. Es liegt nahe anzunehmen, dass letztere versehentlich in den Zucker geschüttet worden ist. Der Zucker wurde als verdorben erklärt.

U. A. 3231/98. Californische Birnen. Eine Sendung dieser Obstconserve erwies sich als frei von José-Schildläusen. Die erforderlichen Vergleichsobjekte, eine Anzahl Birnen mit José-Schildläusen, verdankten wir der Liebenswürdigkeit der Herren Dr. Mecke und Dr. Wimmer in Stettin, denen wir auch an dieser Stelle hierfür unseren Dank sagen.

U. A. 243/99 und 494/99. Melasse-Torfmehlfutter, wie solches der städtischen Marstall-Deputation als Futter für die Pferde angeboten worden war, hatte folgende Zusammensetzung:

	I	II
Wasser	25,10 %	17,70 %
Trockenrückstand	74,90 „	82,30 „
Asche	11,60 „	10,30 „
Rohfaser	17,20 „	16,50 „
Zucker als Rohrzucker . . .	37,80 „	39,30 „
Gesammt-Stickstoff	1,15 „	1,89 „

Die Rohfaser bestand aus Torfmoosen; die Asche enthielt Phosphorsäure, Eisen und reichliche Mengen von Alkalien.

U. A. 819/98. Bronce, welche zum Giessen der Buchstaben einer Inschrift am städtischen Kunstgewerbe-Museum verwendet worden war (im Auftrage des Magistrats untersucht), hatte folgende Zusammensetzung:

Kupfer . . . . . 84,30 %

Zinn . . . . . . 7,04 „

Blei . . . . . . 5,05 „

Zink . . . . . . 2,91 „

Eisen . . . . . 0,70 „

U. A. 2011/98 und 3006/98. Backpulver. In zwei Fällen wurden Backpulver eingeliefert, die sich angeblich durch besonders günstige Backfähigkeit auszeichnen sollten. Bei dem einen der Pulver ist diese Eigenschaft jedenfalls auf den Gehalt an Alaun zurückzuführen. Die Zusammensetzung wurde, wie folgt gefunden:

	I	II
Kali-Alaun gepulvert	40 %	—
Natriumbicarbonat	25 „	35 %
Kartoffelstärke	35 „	40 „
Weinstein	— „	25 „

Ob der Gehalt eines Backpulvers an Alaun als zulässig bezeichnet werden kann, darüber haben wir allerdings unsere Zweifel.

U. A. 2299/98. Kohlehaltiger Schlamm. Aus dem mittelschlesischen Kohlen-Revier ging uns eine grössere Schlammprobe zu mit dem Ersuchen, festzustellen, ob dieser Schlamm Kohle- und Kokstheilchen enthalte, da der Beweis zu führen sei, dass dieser Schlamm von einer Kohlengrube herrühre.

Der Schlamm bestand im Wesentlichen aus Thonschlick und feinem Sand, welche durch Schwefeleisen schwarz gefärbt waren. Indessen gelang es doch, die gestellte Aufgabe in folgender Weise zu lösen:

Eine grössere Menge Schlamm wurde mit Salzsäure bis zur Zersetzung des Schwefeleisens digerirt, dann der Rückstand mit Wasser gewaschen, getrocknet und durch ein engmaschiges Sieb gesiebt. Hierbei hinterblieb 1 Proc. grösserer Koks-stückchen, z. Th. Hüttenkoks, z. Th. sog. „Zünder" darstellend.

Das durchgesiebte Pulver wurde nochmals scharf getrocknet und dann mit Chloro-form angeschüttelt. In diesem setzten sich Sand und Thon zu Boden, während 6 Proc. eines schwarzen Pulvers von der Korngrösse des Grieses und vom Aussehen der Stein-kohle zurückblieb. Dieses ergab bei der Elementaranalyse:

$$\text{Kohlenstoff} = 78{,}6 \ \%$$
$$\text{Wasserstoff} = 4{,}45 \ „$$
$$\text{Asche} = 6{,}05 \ „$$

Damit war bewiesen, dass in dem Schlamm etwa 7 Proc. Kohlenstaub und Koks enthalten waren.

U. A. 1172/98. Mörtelprobe. Bei einer stark roth gefärbten Mörtelprobe handelte es sich im Interesse von Erneuerungsarbeiten darum, festzustellen, ob dieselbe mit oder ohne Cement hergestellt worden war. Die Untersuchung lieferte folgendes Ergebniss:

In Salzsäure unlöslich,

$$(\text{Sand, Kieselsäure, Thon}) \ 84{,}89 \ \%$$
$$\text{Kalk (CaO)} \ \ldots \ 6{,}56 \ „$$
$$\text{Eisenoxyd} \ \ldots \ 1{,}46 \ „$$
$$\text{Thonerde} \ \ldots \ 0{,}26 \ „$$

Das Verhältniss von Thonerde zum Kalk ist 1:25. Da dieses bei Cement durch-schnittlich etwa 1:8 ist, so war der Schluss zu ziehen, dass dieser Mörtel ohne Ver-wendung von Cement hergestellt war. Die rothe Farbe rührte von Eisenmennige her.

U. A. 1306/98. Carbolineum. Im Auftrage der Hochbau-Verwaltung wurden zwei Sorten Carbolineum vergleichend untersucht.

	Avenarius	Neues Produkt
Specifisches Gewicht bei 15⁰ C.	1,123	1,079
Verhalten gegen Wasser	keine Emulsion	keine Emulsion
Mit Alkohol	nicht mischbar	nicht mischbar
Phenole durch NaOH abscheidbar ca.	33 %	23 %
Asche	0,12 „	0,05 „

Es ergiebt sich hieraus, dass beide Inprägnirungsmittel einander sehr shnliche Abfallprodukte der Theerdestillation sind.

U. A. 182/99. Arzneipulver. Ein Arzneipulver, im Wesentlichen aus Calciumcarbonat, Calciumphosphat und Milchzucker bestehend, hatte bei einem Säugling kolikartige Erscheinungen hervorgerufen, welche zunächst nicht zu erklären waren. Die Untersuchung ergab, dass dieses Pulver eine kleine Menge einer Bleiverbindung enthielt. Hierdurch waren die beobachteten Erscheinungen aufgeklärt.

U. A. 1848/98 und 183/99. Honig. Bezüglich der Untersuchung von Honig muss leider ausgesprochen werden, dass es zur Zeit nicht möglich erscheint, Naturhonig von den im Handel befindlichen Kunstprodukten zu unterscheiden. Wir geben im Nachstehenden die Ergebnisse von drei Analysen wieder, von denen die eine ein uns als Kunsthonig bezeichnetes Produkt, die beiden anderen Naturhonig darstellen.

	Kunst-H.	Natur-H.	Natur-H.
Wasser	22,30 %	21,10 %	19,4 %
Trockenrückstand	77,70 „	78,90 „	80,6 „
Zucker direkt	73,10 „	72,94 „	76,0 „
„ nach der Inversion	77,60 „	77,7 „	78,0 ..
Phosphorsäure	vorhanden	vorhanden	vorhanden
Pollenkörner	dgl.	dgl.	dgl.

Die analytischen Daten sind bis zum Verwechseln gleich, und da die Honige sich ausserdem in Geruch und Geschmack von einander nicht wesentlich unterschieden, so muss die Unmöglichkeit einer wirksamen Kontrole des Verkehrs mit Honig ohne Weiteres zugegeben werden.

U. A. 1235/98. Schlagende Wetter, Aluminiumcarbid. Von einer Sprengstofffabrik wurden drei Röhren mit angeblich schlagenden Wettern, ferner eine Probe Aluminiumcarbid eingesendet. Die Fabrik experimentirt mit künstlichen schlagenden

Wettern, welche sie durch Vermischen von **Methan** mit **Luft** herstellt. Das Methan erzeugt sie ihrerseits durch Zersetzen von **Aluminiumcarbid.**

Die Untersuchung der angeblichen schlagenden Wetter ergab, dass sämmtliche Gasgemenge aus atmosphärischer Luft bestanden.

Das aus dem Aluminiumcarbid erhaltene Gas bestand zu 95 Proc. aus Methan. Drei später übergebene Röhren enthielten:

	I	II	III
Methan	7,2 %	7,2 %	7,2 %
Wasserstoff . . .	1,0 „	3,0 „	3,1 „
Luft	91,8 „	89,8 „	89,7 „

U. A. 1502/98. Fruchtzucker. Ein als Fruchtzucker bezeichneter sog. technisch reiner Stärkezucker gab folgende Werthe:

Wasser	12,17 %
Asche	0,46 „
Traubenzucker . .	71,91 „
Schwefelsäure (SO_3)	0,03 „

Die 10procentige, wässrige Lösung drehte nach dem völligen Vergähren mit Bierhefe die Polarisationsebene um $+ 10,5^0$ im 200 mm Rohr nach Ventzke-Soleil.

U. A. 874/98. Kryolith-Ersatz. Ein aus Russland stammendes als Kryolith-Ersatz bezeichnetes Produkt, welches wahrscheinlich künstlich dargestelltes Fluoraluminiumnatrium ist, gab bei der Analyse folgende Zahlen:

			Berechnet für $Al\,F_6\,Na_3$
Feuchtigkeit	0,55 %		
Aluminium (Al)	13,11 } 13,16 }	13,14 %	12,86 %
Natrium (Na)	27,20 } 27,04 }	27,14 „	32,86 „
Fluor (Fl)	52,45 } 52,55 }	52,50 „	54,28 „
Calcium (Ca)	0,45 } 0,55 }	0,50 „	—
Sand (aus der Differenz)	6,72 „		—
Eisen	Spur		—

Demnach hat dieses Ersatzmittel praktisch etwa die gleiche Zusammensetzung wie der natürlich vorkommende Kryolith.

U. A. 1005/98. Salmiak. Ein von einer deutschen Fabrik gelieferter und in Russland beanstandeter Salmiak enthielt eine Spur Rhodanammonium, ferner eine Spur von Blei. Die Beanstandung musste somit als berechtigt anerkannt werden.

Bresl. Genossensch.-Buchdruckerei, E. G. m. b. H., Ursulinerstr. 1.